黄瓜病虫害诊断与防治图谱

编著者

王久兴　闫立英

U0310669

金盾出版社

内 容 提 要

本书以大量彩色照片配合文字辅助说明的方式,对黄瓜种植过程中常见的病虫害进行讲解。分别从症状、发生特点、形态特征和发生规律等几项内容,对侵染性病害、非侵染性病害和虫害3个方面进行分析,并根据受害特点,从多个角度介绍防治方法。本书通俗易懂,图文并茂,技术可操作性强,适合广大黄瓜种植户阅读,亦可供相关专业技术人员参考使用。

图书在版编目(CIP)数据

黄瓜病虫害诊断与防治图谱/王久兴,闫立英编著. —北京:
金盾出版社,2014.1(2017.1 重印)
ISBN 978-7-5082-8756-0

Ⅰ.①黄…　Ⅱ.①王…②闫…　Ⅲ.①黄瓜—病虫害防治—
图谱　Ⅳ.①S436.421-64

中国版本图书馆 CIP 数据核字(2013)第 215563 号

金盾出版社出版、总发行
北京太平路 5 号(地铁万寿路站往南)
邮政编码:100036　电话:68214039　83219215
传真:68276683　网址:www.jdcbs.cn
北京军迪印刷有限责任公司印刷、装订
各地新华书店经销
开本:850×1168 1/32　印张:5.5　字数:88 千字
2017 年 1 月第 1 版第 2 次印刷
印数:8001~11000 册　定价:23.00 元

前　言

　　黄瓜是设施栽培的主要蔬菜之一，容易染病。其病虫害的发生特点是：发生普遍、成因复杂、症状多样、难以确诊、防治困难等。基层种植者或技术人员在没有病原鉴定或其他实验室分析手段的情况下，多是凭借经验进行诊断和防治，导致诊断准确性低，防治效果差。

　　针对这一问题，我们挑选了当前黄瓜栽培过程中最容易发生且危害严重的一些病虫害，加以详细阐述。以症状照片为依托，从不同发病时期、不同发病部位、不同发病程度等多个角度描述症状，在着重描述典型症状的同时，也从生产实际出发，兼顾非典型症状。从理论的深度，阐述了各种病虫害的成因和发生规律，让有经验的菜农在防治过程中既"知其然"又"知其所以然"。从农业防治、生态防治、物理防治、药剂防治（含生物防治和化学防治）等多角度阐述了病虫害的防治方法，除通用防治方法外，还加入了笔者在20多年的实践中通过调查、研究、总结所积累的大量资料，在防治用药方面，既给出了新农药，也列出了目前治病效果依然很好且价格低廉的经典老药，有的病害还给出了笔者总结的经验性防治配方。

　　本书以"种类少，内容精"为写作原则，虽然与其他同类书籍相比，内容详实，论述深入，但由于篇幅和书籍性质所限，仅能涵盖黄瓜部分病虫害，且有些病虫害的内容还做了删减，这是十分遗憾的事情。

　　另外，欢迎需要进一步学习的读者访问我们的公益性网站——

蔬菜病虫害防治网（www.scbch.com），也欢迎使用我们研制的诊病软件——智能蔬菜病虫害诊断与防治专家系统。

本书属"河北省现代农业产业技术体系蔬菜产业创新团队建设"项目内容。

对于书中不当之处，欢迎批评指正。

本书文字、图片内容不得用于网站建设或进行网络传播，不得将本书制成电子书！

编著者

目　录

第一章　侵染性病害 ……………………………………… (1)

　一、真核菌类 ……………………………………………… (1)

　　（一）靶斑病 ……………………………………………… (1)

　　（二）白粉病 ……………………………………………… (8)

　　（三）猝倒病 ……………………………………………… (15)

　　（四）黑星病 ……………………………………………… (21)

　　（五）灰霉病 ……………………………………………… (30)

　　（六）菌核病 ……………………………………………… (41)

　　（七）枯萎病 ……………………………………………… (47)

　　（八）蔓枯病 ……………………………………………… (54)

　　（九）煤污病 ……………………………………………… (60)

　　（十）霜霉病 ……………………………………………… (63)

　　（十一）炭疽病 …………………………………………… (75)

　　（十二）疫病 ……………………………………………… (82)

　二、原核生物类 …………………………………………… (91)

　　（一）细菌性白枯病 ……………………………………… (91)

　　（二）细菌性角斑病 ……………………………………… (96)

　　（三）细菌性泡泡病 ……………………………………… (101)

　　（四）细菌性叶枯病 ……………………………………… (104)

　三、病毒类 ………………………………………………… (108)

　　（一）病毒病（番茄斑萎病毒） ………………………… (108)

　　（二）病毒病（黄瓜花叶病毒） ………………………… (115)

第二章　非侵染性病害……………………………………………… (119)

　一、花果异常 ………………………………………………………… (119)

　（一）花打顶 ………………………………………………………… (119)

　（二）弯曲瓜 ………………………………………………………… (123)

　（三）酸雨危害 ……………………………………………………… (128)

　（四）长期低温冷害 ………………………………………………… (133)

　三、茎叶异常 ………………………………………………………… (137)

　（一）叶片生理性充水 ……………………………………………… (137)

　（二）植株下部叶片变黄 …………………………………………… (140)

　（三）植株徒长 ……………………………………………………… (143)

第三章　虫害………………………………………………………… (149)

　一、鳞翅目 …………………………………………………………… (149)

　（一）甘蓝夜蛾 ……………………………………………………… (149)

　（二）瓜绢螟 ………………………………………………………… (154)

　二、同翅目 …………………………………………………………… (160)

　（一）温室白粉虱 …………………………………………………… (160)

　（二）瓜蚜 …………………………………………………………… (165)

第一章　侵染性病害

一、真核菌类

（一）靶斑病

【症　状】　靶斑病症状多样，可以粗略地分为小圆斑、大圆斑、小角斑3种类型，各类型之间差异较大，而且容易与其他病害混淆。作者根据不同发病时期、不同环境所表现出的不同特点，对症状进行了归类，这样容易理出头绪，识别起来更加方便。

最典型的症状是小黄点斑。发病初期，叶片表面的病斑很小，类似针尖或小米粒状，直径不超过1毫米，浅绿色或黄绿色，周围有晕圈，排列十分密集（图1-1）。以后病斑稍稍扩大，似小米粒，黄绿色或黄色，圆形，依然十分密集，"黄点病"正是由此得名，很容易误诊为细菌性叶枯病等病害（图1-2）。当病斑直径扩展至1.5～2毫米时，叶片正面病斑中心干枯，略凹陷，病斑圆形或近圆形，少数呈不规则形。病斑变为浅黄色至黄褐色，外围颜色稍深，病健部分界明显，周围有浅绿色晕圈（图1-3）。叶背病部稍凹陷，中央黄白色，边缘为颜色较深的绿色环，正因为这一点，此病也容易被误诊为细菌性叶枯病（图1-4）。手持叶片，对光观察，叶片上的黄点变得异常清晰，病斑中部颜色稍深，黄褐色，外部有浅黄色晕圈，再外层为绿色的叶肉组织（图1-5）。发病后期，小黄斑会逐渐连片，通过喷药防治，病斑不再向外扩展，病斑变为黄白色，坏死的叶肉组织会穿孔，说明防治有效（图1-6）。

图 1-1 初期病斑极小

图 1-2 发展为
密集的小黄斑

图 1-3 小黄斑干枯

图 1-4 叶背症状

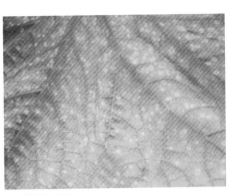

图1-5　对光观察可见黄褐色圆斑

图1-6　用药后病斑穿孔不再扩展

　　第二类症状是水浸状青灰色小圆斑。这种病斑颜色、大小与前述小黄点斑类似，发病初期也是黄色的针尖状小点（图1-7）。病斑稍扩大，周围叶肉逐渐褪绿（图1-8）。随病情发展，病斑开始呈现与前述病斑的不同之处，在病斑周围的叶肉逐渐坏死，失水，此过程中，在病斑周围逐渐形成一圈水浸状青灰色晕环，病健部分边界不清晰（图1-9）。后期，病斑也会连片，最终导致叶片枯死（图1-10）。

图1-7　初期小斑

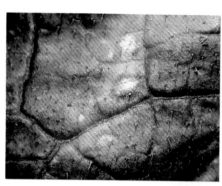

图 1-8　病斑周边叶肉褪绿

图 1-9　病斑周围呈青灰色

图 1-10　后期病斑连片

此外，还有水浸状青灰色大圆斑、混合斑、褐色中型近圆形泡斑、多角形小斑等多种症状类型。

【病　原】 *Corynespora cassiicola* Berk and Curt．wei，称作多主棒孢霉，属半知菌亚门、丝孢纲、丝孢目、暗色菌科、棒孢属。

菌丝绒毛状或毛发状，分枝，无色到淡褐色，具隔膜。分生孢子梗多单生，较直立或弯曲，细长，初淡色，成熟后褐色，光滑，不分枝，大小为 100～650 微米 ×3～8 微米，具 1～8 个分隔。分生孢子顶生于梗端，为倒棒形、圆筒形、线形或 Y 形，单生或串生，直立或稍弯曲，基部膨大、较平，顶部钝圆，透明至浅橄榄色到深褐色，假隔膜分隔，大小为 50～350 微米 ×9～17 微米，分隔数 2～27 个，大小为 12.3～196.1 微米 × 4.1～12.7 微米。厚垣孢子粗缩，壁厚，深褐色。

【发病规律】　病原菌以分生孢子丛或菌丝体随遗留在土中的病残体、杂草等在土壤中越冬，或随其他寄主植物越冬，此外，病菌还可产生厚垣孢子及菌核度过不良环境，翌年产生分生孢子成为田间初侵染菌源。病原菌在残株中可存活 2 年，也可在种子表附着状态下存活 6 个月以上。初侵染后的病斑产生的分生孢子借气流或雨水飞溅传播。一个生长季病菌可进行多次再侵染，使病害日益加重。病菌侵入后潜育期一般 6～7 天。保护地黄瓜生长中后期发病，露地栽培黄瓜生长前期偶有发病。

田间孢子在 15℃～35℃ 范围内均能萌发，发病适温 20℃～30℃，田间病原菌菌丝生长最适温度为 28℃，产孢的最适温度约为 30℃。发病最适宜温度 25℃～27℃，此温度下病害发生较重。夜间温度低，昼夜温差大更容易发病。高湿有利于发病，孢子萌发需要相对湿度 90% 以上，水滴中孢子萌发率最高，所以阴雨天较多、长时间闷棚、叶面结露等相对湿度 90% 以上时发病重。总之，多主棒孢菌具有喜温好湿的特点，高温、高湿有利于该病的流行和蔓延。叶面结露、光照不足、昼夜温差大都会加重发病程度，尤其值得注意的是，昼夜温差越大病菌繁殖越快。黄瓜生长中后期高温、多雨发病多，秋季延后栽培时应多加注意。

【防治方法】　由于靶斑病不易识别，发病后对生产造成的损

5

失较大，因此对该病害在防治中应该重视预防。

1. 选育抗病品种　选育抗病品种是控制黄瓜靶斑病（褐斑病）的有效途径，荷兰等欧洲国家已经在这方面至少实践了 15 年，目前国内尚未见抗靶斑病黄瓜品种选育的报道。

2. 适时轮作　菌丝体和分生孢子可以在残株上存活，在越冬茬黄瓜苗床上也可发生靶斑病，因此应与其他非寄主作物轮作，以减少初侵染源。有报道称与非寄主作物轮作 3 年后，可有效控制该病害的发生。

3. 及时采收，防止大瓜坠秧　冬季生产因环境不良，要尽量防止出现大瓜，尽量早采。大瓜争夺营养能力强，消耗营养多，及时采收以确保植株营养充足。隔日收瓜比 3 天收 1 次瓜能明显降低靶斑病的发病率。

4. 合理密植，清洁田园　及时清理病老株叶，增加株间通透性。收获后应集中烧毁病株，消除残存病菌。

5. 适时追肥，提高植株抗病性　在地温低的逆境条件下，根系吸收能力低，叶面定期喷施优质叶面肥，对补充营养很有效，可以使植株综合营养水平提高，显著提高黄瓜抗靶斑病的能力。

6. 种子消毒　该病菌孢子致死温度为 55℃、10 分钟，所以用温汤浸种法即可有效消除种内病菌。先用常温水浸种 15 分钟后转入 55℃ ~ 60℃ 热水中浸种 10 ~ 15 分钟，并不断搅拌，然后使水温降至 30℃，继续浸种 3 ~ 4 小时，捞起沥干后置于 25℃ ~ 28℃ 处催芽，经 1.5 ~ 2.0 天，胚根初露即可播种。用温汤浸种结合药液浸种，杀菌效果更好。

7. 生态防治　黄瓜靶斑病病菌具有喜温好湿的特点，在有水滴条件下，孢子在 15℃ ~ 35℃ 范围内均能萌发。长期高湿是该病发生的诱因，短期高湿并不能引发该病。高湿使黄瓜叶片蒸腾拉力下降，长期高湿导致黄瓜吸水吸肥数量的减少，最终体现为营养吸收数量上的减少。因此，利用塑料大棚、温室等栽培黄瓜时应注意加强温湿度管理调控，适时通风换气，适当控水排湿，控制空气湿度。实行起垄定植，地膜覆盖栽培，灌水施肥均在畦上膜下暗灌沟内进行，要小水勤灌，避免大水漫灌，减少水分蒸发，浇水后及时通风排湿，有效降低棚内空气湿度，抑制病害发生。

光照强度和温度对黄瓜生长很重要。强光和较高温度可以加大黄瓜叶片蒸腾能力，利于更多水肥的吸收。充足的光照和合适的温度又能制造更多的碳水化合物，有利于黄瓜有机营养的积累。温度低，叶片蒸腾能力差，水肥吸收就会明显减少，不利于营养的积累。棚内相对湿度应尽力控制在75%以内，温度达到35℃再放风，确保棚温32℃昼温，利于黄瓜营养吸收与积累。

要合理控制夜温。夜间是黄瓜营养转化和消耗时间。夜温过低，营养转移与输送受到限制，且不利于地温的积蓄；过高则过度呼吸消耗，对有机营养的积累不利。长期高夜温因有机营养消耗过度也会引发黄瓜靶斑病。应将夜温控制在15℃～18℃达3小时，其余时间在10℃～14℃。

8. 药物防治　由于该病菌侵染成功率非常高，若超过3%的叶片感染发病后再施药，则很难取得满意治疗效果，因此，做好早期防护措施，及时施药是关键。发病初期及时选用下列药剂喷雾：0.5%氨基寡糖素400倍液，25%阿米西达悬浮剂1 500倍液，40%施佳乐悬浮剂500倍液，25%咪鲜胺乳油1 500倍液，40%福星乳油8 000倍液，43%戊唑醇悬浮剂3 000倍液，40%腈菌唑乳油3 000倍液，40%嘧霉胺悬浮剂500倍液，41%乙蒜素乳油2 000倍液，50%福美双可湿性粉剂500倍液，25%吡唑醚菌酯（凯润）可湿性粉剂3 000倍液，50%多菌灵可湿性粉剂500倍液，50%苯菌灵可湿性粉剂1 500倍液，85%三氯异氰脲酸可溶性粉剂1 500倍液，50%农利灵可湿性粉剂1 000倍液，40%福星乳油

8 000 倍液喷雾，5 天 1 次，连喷 3 次。对于发病严重的，加喷铜制剂，可用 64% 可杀得 3 000 ～ 1 500 倍液，或 30% 硝基腐殖酸铜可湿性粉剂 600 倍液，进行叶面喷雾，轮换或交替用药。在喷雾药液中加入适量的叶面肥效果更好。喷药时重点喷洒中、下部叶片。如果误诊，喷施了防治霜霉病的烯酰吗啉、霜脲氰等，或喷了防治细菌性角斑病的硫酸链霉素，防治炭疽病的咪鲜胺等药剂，那么对防治靶斑病几乎不起作用。

瓮巧云等曾在室内做药效试验，结果表明，腐霉·福美双对黄瓜靶斑病菌的菌丝生长表现出较强的抑制作用，抑制率为 100%。由于农药浓度过高易对作物造成一定的药害或农药残留量过高，所以使用时应考虑农药的种类、残留和药害现象，选取适当的浓度来进行防治。其次抑制效果较好的是氟环唑和凯润，抑制率在 76.4% 以上。

保护地栽培时可选用 45% 百菌清烟剂熏烟，用量为每 667 米^{2}每次 250 克，或喷撒 5% 百菌清粉尘剂，每 667 米^{2}1 千克，隔 7 ～ 9 天 1 次，连续防治 2 ～ 3 次。

近年来，尽管喷施了多种杀菌剂，但此病仍未得到有效的控制。病害难以控制的原因，一方面是目前广泛采用的连作栽培模式，促进了病原菌的连年累积；另一方面是多主棒孢菌菌株极易变异，易对多种杀菌剂产生抗性。研究发现，同一化学药剂连续喷施 3 次以上的黄瓜大棚中，病原菌多主棒孢菌的抗药性出现几率显著增加。因此，在棒孢叶斑病的防治过程中一定要减少杀菌剂的使用频率和剂量，并且注意不同作用机制的杀菌剂轮换使用，这样才可能达到抑制抗药菌株出现的目的。

（二）白 粉 病

【症 状】以叶片受害最重，其次是叶柄和茎，一般不危害果实。

1. 叶片　发病初期，叶片正面或背面产生白色近圆形的小粉斑，稀疏分布（图1-11、图1-12）。病斑在叶片上零星分布，逐渐增多，变得越来越密集（图1-13、图1-14）。逐渐扩大成边缘不明显的大片白粉区，布满叶面，好像撒了层白粉。抹去白粉，可见叶面褪绿，枯黄变脆。发病严重时，叶面布满白粉，变成灰白色，形成污白色斑片，直至整个叶片枯死（图1-15）。露地黄瓜雨季发病，在高湿环境下，发病迅速，初期，叶面不见明显粉斑，而是均匀产生一层薄薄的白粉，逐渐增厚（图1-16）。

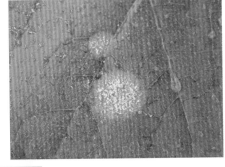

图1-11　叶面粉斑

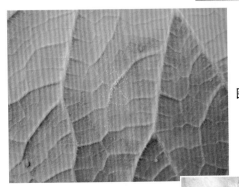

图1-12　叶背粉斑

图1-13　发病初期
的病叶

图 1-14 病斑增多

图 1-15 粉斑连片

图 1-16 均匀地产
生一层薄粉

2．茎　白粉病也侵染叶柄和茎，茎染病症状与叶片上的相似，唯病斑较小，粉状物也少，后期白粉连片，茎表面布满白粉（图1-17、图1-18）。

图 1-17　茎表面出现粉斑

图 1-18　茎表面布满白粉

3. 幼苗　幼苗子叶和真叶都可能被侵染，子叶染病，叶片上出现白色圆形粉斑，后期病斑增多连片，严重时会导致子叶提前枯萎（图1-19、图1-20）。

图 1-19　子叶上出现白色粉斑

图 1-20　粉斑增多连片

4.植株　当植株上大部分叶片叶面被白粉所覆盖，植株的光合作用会大大降低。通常在黄瓜生长中、后期发病严重，后期叶片会枯萎死亡，直至引发植株萎蔫枯死。植株生长变得十分缓慢，产量急剧降低，甚至提前拉秧。（图 1-21、图1-22）。

图 1-21　染病植株

图 1-22　田间症状

【病　原】*Sphaerotheca fuliginea* (Schlecht.) 为子囊菌亚门单丝壳属的单丝壳菌。*Erysiphe cichoracearum* DC. 属子囊菌亚门真菌白粉菌属的二孢白粉菌。

白粉菌的无性繁殖很发达，菌丝体生在体外，以吸器伸入寄主细胞内。由菌丝产生直而无分枝的分生孢子梗，顶生分生孢子。分生孢子椭圆形、单胞、无色、串生，大小为 14～18 微米 ×28～36 微米。子囊果（壳）散生，褐色或暗褐色，扁球形，直径为 72～99 微米，具有 4～8 根附属丝，附属丝一般不分枝，屈膝状弯曲，具隔膜 3～5 个，无色或下部淡褐色；1 个子囊，长椭圆形至近球形，无柄或具短柄。子囊孢子 4～8 个，卵形，带黄色，大小为 19.5～28.5 微米 ×15～19.5 微米。

【发病规律】　病菌以闭囊壳或菌丝体在病残体上越冬，温带地区也可在茄科等寄主上越冬。翌年产生子囊孢子或分生孢子，靠风、雨、昆虫等传播到烟叶上进行初侵染。病斑上产生的分生孢子进行再侵染。

白粉菌生长适温 16℃～23.6℃，适宜相对湿度 60%～72%。孢子萌发温度范围为 10℃～30℃，在高于 30℃或低于 1℃条件下很快失去生活力。对湿度要求不严，最适宜发病湿度为 75%。相对湿度达 25% 以上，分生孢子就能萌发，湿度越大病害越重。但是，湿度过高、有液态水存在时，病菌孢子遇水滴或水膜，吸水后会破裂，也会使分生孢子缺氧致死。偏施氮肥，田间管理差，日照少，瓜秧衰弱，浇水不当，密度大，田间郁蔽，地势低洼、土壤黏重的地块，中温中湿的小气候利于发病。

【防治方法】

1. 农业措施　选用抗病品种，目前的主栽品种除密刺类黄瓜易感白粉病外，大多数杂交种对白粉病的抗性均较强。露地主栽品种有津春 4 号、津春 5 号、中农 4 号、中农 8 号、夏青 4 号、津研 4 号等新品种。大棚栽培新品种有津春 1 号、津春 2 号、津优 1 号、津优 3 号、中农 5 号、中农 7 号、龙杂黄 5 号等。温室栽培可选用津春 3 号、津优 3 号、中农 13 号、农大春光 1 号、津优 2 号、鲁黄瓜 10 等新品种。

加强管理，经验表明，白粉病发生时，可在黄瓜行间浇小水，提高空气湿度，同时结合喷药，能一举控制病害。辅助措施还有，避免过量施用氮肥，增施磷钾肥，拉秧后清除病残组织等。

2. 化学防治　进行设施消毒，在棚室内栽培时，种植前，每 100 米^3 空间用硫磺粉 250 克、锯末 500 克，或 45%百菌清烟剂 250 克，分放几处点燃，密封熏蒸 1 夜，以杀灭整个棚室内的病菌。

发病前喷 27%高脂膜 100 倍液保护叶片。发病期间，选用 50%多菌灵可湿性粉剂 800 倍液，75%百菌清可湿性粉剂 600 ～ 800 倍液，25%的三唑酮（粉锈宁、百里通）可湿性粉剂 2 000 倍液，或 50%特富灵可湿性粉剂 1 500 ～ 2 000 倍液，70%甲基硫菌灵可湿性粉剂 1 000 倍液，50%硫磺胶悬剂 300 倍液，2%武夷霉素水剂 200 倍液，20%抗霉菌素 200 倍液，12.5%速保利可湿性粉剂 2 000 倍液等药剂喷雾防治。每 7 天喷药 1 次，连续防治 2 ～ 3 次。药剂发挥效用以后，病害得到抑制，叶片表层的粉斑会被杀灭，不见白粉，只遗留下浅黄色斑痕，有时会留下白色疤痕，病斑不再扩展，说明药效良好（图 1-23、图 1-24）。

图 1-23　杀灭粉斑后病部留下黄色痕迹

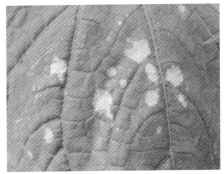

图1-24　严重病叶
治愈后留下白色疤痕

　　另外，也可用5%百菌清粉剂，或升华硫磺粉喷粉。特别应提及的是用0.1%～0.2%的小苏打溶液喷雾防效良好，小苏打为弱碱性物质，可抑制多种真菌的生长蔓延。喷洒后可分解出水和二氧化碳，尚有促进光合作用之效，而且价廉、安全、无污染。

　　作者认为，防治白粉病的关键是早预防，减少病源。药剂喷雾要周到，这样既能将药喷匀、喷到，使白粉菌孢子胀裂，又不至于因过分提高空气湿度而引起霜霉病。各种药剂交替使用，防止长期单一使用一种药剂而使病菌产生抗药性，降低防效。

　　（三）猝　倒　病

　　【症　状】　猝倒病俗称"掉苗"、"卡脖子"、"小脚瘟"等，出土不久的幼苗最易发病，导致大量死苗。用营养土苗床育苗时会形成发病中心，病情迅速扩展，常造成幼苗成片倒伏（图1-25）。空气干燥时略显萎蔫，湿度高时，病苗残体表面及附近土壤表面常长出一层白色絮状霉，即病菌菌丝、孢囊梗和孢子囊，此时幼苗根系生长正常，颜色不发生变化（图1-26）。

图1-25　成片倒伏略显萎蔫

15

图 1-26 高湿环境
下生有白霉

露出地表的幼苗下胚轴中部先发病，呈水浸状，而后变为黄褐色，变细，此时幼苗开始倒伏（图 1-27）。之后，病情逐渐向下胚轴基部扩展，当然，病情也会沿下胚轴向上发展，但比向下发展的速度要慢，病部失水缢缩，子叶来不及萎蔫，幼苗便倒折（图 1-28）。

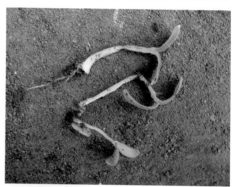

图 1-27 胚轴中部发病

图 1-28 幼苗倒伏

幼苗胚轴、子叶逐渐失水干枯，胚轴缢缩呈线状（图1-29）。采用营养钵育苗时多是零星发病，不会形成发病中心，这也是营养钵育苗的优点所在（图1-30）。

图1-29　胚轴缢缩呈线状

图1-30　营养钵可延缓病情蔓延

【病　原】　引发猝倒病的病原为鞭毛菌亚门腐霉属真菌，北方主要为瓜果腐霉（*Pythium aphanidermatum*），其他还有德里腐霉（*Pythium deliense* Meurs.）、德巴利腐霉（*P. debaryanum* Hesse）、畸雌腐霉（*P. irregulare*）、终极腐霉（*P. ultimum*）、刺腐霉（*P. spinosum*）、绚丽腐霉（*P. pulchrum*）。其中*P. aphanidermatum*、*P. deliense*、*P. irregulare*三种对蔬菜致病性较强，是猝倒病重要病原。

1. 瓜果腐霉　菌丝体生长繁茂，在PDA培养基上呈现白色棉絮状。菌丝无色，无隔膜，直径2.3～7.1微米。菌丝与孢囊梗区别不明显。孢子囊丝状或分枝裂瓣状，或呈不规则膨大，大小63 ～ 725 微米 ×4.9 ～ 14.8 微米。泡囊球形，内含 6 ～ 26 个游动孢子。藏卵器球形，直径 14.9 ～ 34.8 微米，藏卵器柄不弯向雄器。雄器袋状至宽棍状，同丝或异丝生，多为 1 个，大小 5.6 ～ 15.4 微米 ×7.4 ～ 10 微米。卵孢子球形，平滑，不满器，直径 14.0 ～ 22.0 微米。该菌在年平均气温高的地方出现频率较高。

2. 德里腐霉 在 PDA 和 PCA 培养基上产生旺盛的絮状气生菌丝，孢子囊呈菌丝状膨大，分枝不规则；藏卵器光滑，球形，顶生，大小 18.1 ～ 22.7 微米，藏卵器柄弯向雄器，每个藏卵器具 1 个雄器，雄器多为同丝生，偶为异丝生，柄直，顶生或间生，亚球形至桶形，大小 14.1 微米 ×11.5 微米；卵孢子不满器，大小 15.5 ～ 20 微米。菌丝生长适温 30℃，最高 40℃，最低 10℃，15℃ ～ 30℃ 条件下均可产生游动孢子。德里腐霉的藏卵器柄明显弯向雄器。

【发病规律】

1. 瓜果腐霉 病菌可在土壤中长期存活，病菌以卵孢子在12 ～ 18 厘米表土层越冬。翌春，遇适宜条件萌发产生孢子囊，以游动孢子或直接长出芽管侵入寄主。此外，在土中营腐生生活的菌丝也可产生孢子囊，以游动孢子侵染幼苗引起猝倒。田间的再侵染主要靠病苗上产出孢子囊及游动孢子，借灌溉水或雨水溅附到贴近地面的根茎上侵染，也可通过带菌粪肥、农具和种子传播。病菌侵入后，在皮层薄壁细胞中扩展，菌丝蔓延于细胞间或细胞内，后在病组织内形成卵孢子越冬。

病菌生长适宜温度 15℃ ～ 16℃，适宜发病地温 10℃，温度高于 30℃ 受到抑制，低温对寄主生长不利，但病菌尚能活动，因此，苗期低温利于发病。土壤高湿环境有利于发病，比如，浇水后积水窝，或温室薄膜滴水处对应位置往往最先形成发病中心。阴天，日照不足，幼苗长势弱、纤细、徒长、抗病力下降，也易发病。

2．德里腐霉　游动孢子趋向于根的伸长区和切口，根毛较少，距根的伸长区和切口越远越少，根的成熟区几乎见不到孢子。静止孢子产生芽管伸向根伸长区，芽管接触侵染点以后不产生附着胞和侵染钉，而是直接穿透根表皮细胞或切口；菌丝体进入根部后在根内迅速扩展，有的从根内向外扩展，在根组织里的菌丝体沿根轴上下伸长，产生的分枝继续蔓延，并在根组织里形成藏卵器和雄器，以后根际周围又出现游动孢子，48小时后在根的组织里产生卵孢子，72小时后卵孢子呈不满器状。卵孢子也可在茎细胞内大量形成，菌丝体在茎内由一个细胞扩散到相邻的细胞，再继续生长。

【防治方法】

1．营养土消毒　用无病新土配制营养土，为保险起见应进行床土消毒。方法是，按每平方米苗床的营养土掺入50%拌种双可湿性粉剂，或50%多菌灵可湿性粉剂，或25%甲霜灵可湿性粉剂，或50%福美双可湿性粉剂，或五代合剂（用五氯硝基苯和代森锌等量混合）8～10克，混匀后再装营养钵或作营养土方。药剂的混入量不要过多，播种前的底水也要浇足，以免发生药害（图1-31）。

图1-31　营养土消毒

2. 种子消毒　温汤浸种。先在盆中倒入 50℃～55℃ 的热水，然后将种子倒入其中，并拿木棍搅拌，保持水温 10 分钟，如果温度降低则加入热水，到时间后加入凉水让水温降到 30℃ 左右，然后浸种催芽，温汤浸种是一种比较安全的种子消毒的方法，这种方法可有效杀灭附着在种子表面和潜伏在种子内部的腐霉菌（图 1-32）。

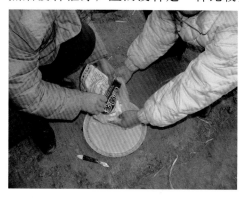

图 1-32　温汤浸种

药剂处理法。此法可杀灭附着在种子表面的病菌，先将种子用清水浸泡 1 小时，让病菌充分吸水，再放入 50% 多菌灵可湿性粉剂 500 倍溶液中浸泡 60 分钟，捞出后洗净催芽。

3. 农业措施　温室育苗时，苗床应建造在温室中部。露地育苗时，应选择地势较高，地下水位低，排水良好的地块。用于配制营养土的有机肥要充分腐熟。利用电热温床或酿热温床育苗，地温要保持在 16℃ 以上，防止出现 10℃ 以下的低温和高湿环境。播种前浇足底水，出苗后尽量不浇水。在苗床上经常撒干草木灰，干燥的草木灰有吸湿降湿和增加吸光能力、提高地温的作用，还有抑制病菌生长从而抑制猝倒病发生。连续阴雨后转晴时，应加强放风，中午可用席遮荫，以防烤苗或苗子萎蔫。如果发现有病株，要立即拔除烧毁，并在病穴撒石灰或草木灰消毒。

4. 药剂防治　发病前用 45% 百菌清烟剂，每 667 米² 面积用药 500 克，密闭苗床熏烟，可提早预防病害。一旦苗床发病，应及时把病苗及邻近病土清除，并在病苗及其周围喷洒 0.4% 的铜铵合剂（硫酸铜 2 份，碳酸氢铵 11 份，磨成粉末混合放在有盖的玻璃或瓷器内密闭 24 小时后，每千克混合粉加水 400 升；也可用硫酸铜粉 2 份，硫酸铵 15 份，石灰 3 份，混合后放在容器内密闭 24 小时，使用时每 50 克对水 20 升）。每 7～10 天喷 1 次。铜制剂对防治土传病害有很好的效果，但不能过量，否则会产生药害。

发现病苗立即拔除，并选择喷洒 25%甲霜灵可湿性粉剂 800倍液，15%恶霉灵（土菌消）水剂 1 000 倍液，72.2%霜霉威盐酸盐（普力克）水剂 400 倍液，64%杀毒矾可湿性粉剂 500 倍液，75%百菌清可湿性粉剂 600 倍液，19.8 恶霉·乙蒜素 1 500 倍液，40%乙膦铝可湿性粉剂 200 倍液，70%百德富可湿性粉剂 600 倍液，70%丙森锌可湿性粉剂 500 倍液，69%安克·锰锌 1 000 倍液，72%霜脲·锰锌可湿性粉剂 600 倍液，70%代森锰锌可湿性粉剂 500 倍液等药剂，选用一种苗床喷雾即可，每米^{2}苗床用配好的药液 2～3 千克，每 7～10 天喷 1 次，连喷 2～3 次。

也可混配药剂苗床喷雾，常用配方为：72.2%霜霉威盐酸盐（普力克）可湿性粉剂 400 倍液 +30% 瑞苗清（甲霜灵 + 恶霉灵）水剂 2 000 倍液。

（四）黑　星　病

【症状】　黄瓜黑星病是一种世界性病害，在欧洲、北美、东南亚等地严重危害黄瓜生产。近年来，随着我国保护地生产的发展，黄瓜黑星病在我国部分地区危害严重。黄瓜黑星病在黄瓜整个生育期均可侵染发病，危害部位有叶片、茎、卷须、瓜条及生长点等，以植株幼嫩部分如嫩叶、嫩茎和幼果受害最重，而老叶和老瓜对病菌不敏感。症状突出特点是叶片病斑有星状穿孔，高湿条件下有黑霉，果实病斑流胶，后期龟裂、凹陷。

1. 叶片　干燥环境下发病初期的小黄斑。侵染嫩叶时，起初

21

在叶面呈现近圆形褪绿的黄色小斑点，直径1～2毫米，边缘不明显（图1-33）。进而扩大为2～4毫米淡黄色病斑，边缘呈星纹状，有黄晕（图1-34）。病斑继续扩大，近圆形，边界不明显，中央灰白色至浅褐色，周围枯绿色，水浸状，病斑中央有时可见褐色环，似靶斑病，又似细菌性角斑病（图1-35）。在干燥环境下，病斑小，呈略凸起的小黄点，形状不规则（图1-36）。

图1-33 发病初期褪绿小斑

图1-34 病斑稍扩大

图1-35 继续扩展的水浸状斑

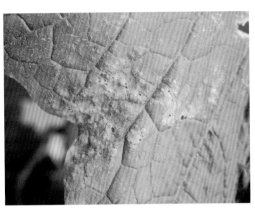

图1-36 干燥环境下的发病初期小斑

星状穿孔。随病情发展，病斑内部坏死组织干枯、脱落，造成穿孔。有的穿孔比较完整，坏死组织全部脱落，没有明显的病斑作为背景，即穿孔周围没有黄晕。在较暗的背景前．可以明显看出孔洞呈星星状，黑星病也由此得名（图1-37）。叶背症状与

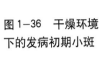

正面类似（图1-38）。这种星状穿孔是黑星病最典型的特征，是主要的诊断依据，除少数特殊症状外，多数病叶都有此特征。

图1-37 叶面星状穿孔

图1-38 叶背星状穿孔

此外，还有在发病初期表现为白色圆形病斑，后期出现星状穿孔的，有时星状病斑还会导致叶片皱缩，高湿环境下病斑上长黑霉。

2. 果实　幼瓜和成瓜均可发病，其中以幼果或中龄果实发病重。起初果实表面零星出现圆形或椭圆形褪绿小斑，病斑处溢出透明胶状物，逐渐变为乳白色，俗称"冒油"，似挤牙膏状（图

1-39）。病斑逐渐扩大，胶状物凝结成块，随水分蒸发，颜色逐渐变深，向黄褐色过度，病斑部位生长受到抑制，逐渐开始凹陷（图1-40）。

图1-39　露出乳白色胶状物

图1-40　病斑扩大

果实表面的胶状物增多，堆积在病斑附近，失水收缩，逐渐变为褐色，最后脱落，病斑此时不再扩大，凹陷特征明显。在高湿度环境下，病斑仍会呈水浸状向周围扩展。接近收获期，病瓜暗绿色，病斑呈现疮痂斑，凹陷，后期变为暗褐色，空气干燥时病斑龟裂，病瓜一般不腐烂（图1-41）。幼瓜受害，病斑处组

织生长受抑制，引起
瓜条弯曲、畸形（图
1-42）。

图1-41　病斑凹陷龟裂

图1-42　幼果畸形

　　湿度高时，果实表面病斑处的病菌繁殖迅速，病部会密生灰黑色霉层。但需要注意的是，只有在高湿度环境下的发病后期，这种霉层才会明显，多数情况下很难看到霉层。果实上病斑的多少和霉层的致密程度，与环境条件和发病严重程度有密切关系，发病严重时，果实表面密布病斑，病斑上呈现致密霉层。

　　3. 茎　　嫩茎染病，初为水渍状暗绿色菱形斑或不规则形病斑，后变暗色，常伴有褐色流胶（图1-43）。而后，病斑凹陷龟裂，呈现疮痂状（图1-44）。严重时病斑扩展，导致茎纵裂，植株生长受阻，养分、水分输送受到抑制，导致叶片萎蔫。在湿度高时，病斑扩大、连片，呈梭形，疮痂不明显，但在病斑上会长出灰黑色霉层。

图1-43 发病初期的病茎

图1-44 菱形疮痂斑

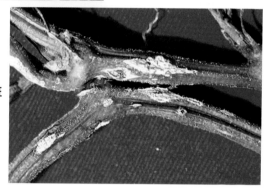

【病 原】 *Cladosporium cucumerinum* Ell. et Arthur，异名 *Scolicotrichum melophthorum* Prill. &Delacr。称瓜疮痂枝孢霉，属半知菌亚门、丝孢纲、丝孢目、黑色菌科、枝孢霉属真菌。菌丝白色至灰色，具分隔。分生孢子梗细长、丛生、褐色或淡褐色，孢部、中部稍有分枝或单枝，大小160～520微米×4～5.5微米。分生孢子圆柱状，近梭形至长梭形，形成分枝的长链、单生或串生、单孢、双孢，少数三孢，有0～2个隔膜，褐色或橄榄绿色，光滑或具嫩刺，单孢平均为17.5～17.8微米×4.5微米；双孢平均为19.5～24.5微米×4.5～5.5微米。

病菌生长发育温度范围2.5℃～35℃，52℃处理45分钟可使孢子及菌丝死亡，分生孢子生长发育温度范围 12.5℃ ~ 32.5℃，适宜温度 20℃ ~ 22℃。在棚室处于低温、高湿交替的环境时病害发生严重。碱性条件下孢子发芽受抑制，适宜生长的 pH 值 5 ~ 7.0，最适 pH 值 6.0，黑暗处理有利于孢子的萌发。该病菌对湿度的要求较高，适宜的相对湿度为 90% ~ 100%，有水滴存在更适宜分生孢子发芽。

【发病规律】　病菌以菌丝体在田间的病残组织、土壤或附着在种子上越冬，为翌年初侵染来源。在温湿度适宜时，病菌从叶片、果实、茎蔓的表皮直接侵入，也可从气孔和伤口侵入，借风雨、气流、灌溉水、农事操作等传播，种子带菌又能远距离传播。病菌侵入后，潜伏期随温度而异，棚室中一般 3 ~ 6 天，露地一般 9 ~ 10 天发病。

该病属于低温、耐弱光、高湿病害。当棚室最低温度超过10℃，相对湿度从下午 4 时到翌日 10 时均高于 90%，棚顶及植株叶结露，是该病发生和流行的重要条件。研究表明，棚室温度 5℃ ~ 30℃均可发病，最适温度为 20℃ ~ 22℃，当棚室温度处于 15℃ ~ 25℃范围内低温、高湿交错的环境时，病害发生非常严重。试验表明，温度高于 22℃ ~ 24℃，所有黄瓜品种均表现出抗性；只是在 17℃ ~ 20℃条件下，感病品种才表现。离体接种试验表明，低于 10℃或高于 25℃时发病减轻，品种间抗性差异不明显，因此 15℃ ~ 20℃为最佳侵染温度。在人工接种条件下，保湿的时间越长，潜育期越短，发病越重。黑暗或弱光比强光更容易侵染，发病越重。所以在日光温室栽培中当棚室温度超过 10℃、相对湿度高于 90%、棚顶及植株叶片结露是该病发生和流行的重要条件。阴雨、光照少、植株密度大、大水漫灌、通风不良，多年连作有利于发病，同时黄瓜品种间的抗病性差异显著，日光温室应选择耐低温、弱光、早熟、产量高的抗病品种。

【防治方法】

1. 农业防治

（1）加强检疫　未发病地区应严禁从疫区调入带菌种子，制种单位应注意从无病种株上采种，防止病害传播蔓延。

（2）轮作　重病棚室应与非瓜类作物实行 2～3 年的轮作，减轻病害的发生。

（3）选用抗病品种　品种之间对黑星病的抗性存在明显差异，天津黄瓜研究所培育的保护地品种津春 1 号高抗黑星病兼抗细菌性角斑病等多种病害，可在黑星病多发区推广使用。也可选用叶三、白头翁、津春 1 号、中农 13 号、吉杂 2 号等高抗黑星病品种。中农 7 号等保护地栽培品种对黑星病的抗性也较强。此外，农大14、长春密刺对黑星病也有一定的抗性。

（4）采取地膜覆盖、滴灌技术　减少水分蒸发，可有效降低棚室湿度，控制发病程度。及时清洁田园，清除病株残体，集中深埋或烧毁。

（5）加强田间管理　黑星病属低温高湿病害，早春大棚及冬季温室经常发生。黄瓜定植至结瓜期要特别控制浇水。温室大棚要注意温度管理，采用排风、排湿、控制灌水等措施降低棚内湿度，减少叶面结露，白天控制在 28℃～30℃，夜间15℃左右，相对湿度低于 90%，可减轻发病。所以每天早晨揭苫后，棚室内湿度可达 90%～100%，此时不要马上放风排湿。一是黄瓜生长期每天上午 28℃～33℃是最适合的高产温度，早放风温度降低，很不利于黄瓜生产；二是棚室每提高 1℃就能降低湿度 2%～3%。所以上午低温放风排湿，就不如增温降湿效果好。所以，正确做法是每天早晨揭苫后，不能马上放风，应关闭所有通风口，让其温度增至 33℃～35℃时再突然打开顶风口进行放风排湿。当温度降到 30℃时再关闭放风口，超过

33℃时再放风。每天上午进行 2～3 次高温放湿，下午放大风使温度降到 25℃～28℃，这样就能大大降低湿度，特别是降低了夜间湿度，既能有效控制黑星病及各种病害的发生又能提高黄瓜的产量。

2. 药剂防治

（1）种子消毒　试验证明，来自不同地区的黄瓜种子，黑星病的带菌率不同，应选用无病种子播种或对种子进行消毒后使用。方法是：用 50%多菌灵可湿性粉剂 500 倍液浸种 20 分钟后冲净催芽。直播时用种子重量 0.3%的 50%多菌灵可湿性粉剂拌种，可获得较好的防治效果。

（2）设施消毒　定植前用烟雾剂熏蒸棚室（此时棚室内无蔬菜），杀死棚内残留病菌。生产上常用硫磺熏蒸消毒，每 100 米^{3}空间用硫磺 0.25 千克、锯末 0.5 千克混合后分几堆点燃熏蒸 1 夜。

（3）苗床消毒　苗床土每米^{2}用 25%多菌灵可湿性粉剂 16 克，均匀撒在土里再播种。

（4）生长期防治　黑星病的防治重点是及时，一旦发现中心病株要及时拔除，及时喷药防治，如果错过防治的最佳时机，病害得到进一步蔓延，就会给防治带来困难。发病初期选择喷洒下列药剂：50%多菌灵可湿性粉剂 500 倍液，43%戊唑醇水剂 3 000 倍液，用 12.5%氟环唑乳油 2 000 倍液，50%苯菌灵可湿性粉剂对水 1 000 倍液，75%甲基硫菌灵 600 倍液，50%甲米多可湿性粉剂 1 500～2 000 倍液，40%杜邦福星乳油 10 000 倍液，50%退菌特可湿性粉剂 500～1 000 倍液，每 7 天 1 次，连续防治 3～4 次。

发病前用 10%百菌清烟剂预防，每 667 米^{2}用药剂 250～300 克，根据天气情况，每隔 7～10 天施药 1 次，连施 3 次。如果发病后再开始熏烟，则效果差。

（五）灰霉病

【症状】灰霉病是低温季节设施黄瓜上普遍发生的一种病害，主要侵染叶片、果实，有时也侵染茎。

1. 叶片　诊断灰霉病叶片症状要抓住关键特征，即大型圆斑或叶缘处的"V"病斑，病斑有同心轮纹，高湿环境后有致密的灰色霉层。

叶缘具同心轮纹圆斑或"V"病斑。发病初期，叶片上有明显的发病起点，病菌逐渐向四周侵染、蔓延，如果在叶缘发病，湿度偏高的情况下，会形成明显的一圈一圈的同心轮纹（图1-45）。由于病斑在叶缘附近，当扩展到边缘时受到限制，就不能再发展，因此在早期，病斑从形状看，多为圆形的一个部分，即少半圆、半圆、多半圆或近圆形。一片叶上病斑大，但数量少，通常只有 1 ～ 3 个病斑（图1-46）。发病早期，病斑上未必能见到明显的霉层。如果病斑不在叶缘，而在叶面稍靠内部的位置，

则会呈明显的圆形，从感染病菌的起点，向周围扩展，形成明显的轮纹，但也未必能见到明显的霉层。

图1-45　发病早期叶缘同心轮纹病

图1-46　病斑从起点向周围扩展

长满灰霉的病斑。在发病中后期，且湿度较高的情况下，病斑会迅速扩大，叶缘的病斑向叶片内部扩展，因受到叶脉的限制，会形成近似"V"的形状，病部的坏死叶肉在高湿度下会逐渐腐烂，甚至脱落，病组织上长出大量的致密的灰色霉层，灰霉病由此得名，这种症状也是此病的最经典症状，多数发病叶片表现为这种症状（图1-47）。最后整个叶片全部染病，布满灰霉，由叶柄挑着，呈萎蔫下垂状（图1-48）。

图1-47　向内扩展的近似"V"形病斑

图1-48　整叶感染灰霉

此外，还有无轮纹无霉层的"V"形病斑、无轮纹无霉层圆斑。

2．果实　病果诊断的特征是，从果顶部发病，有致密灰霉。

（1）长有灰霉的幼果　幼果发病时，病菌大多从开败的雌花花瓣开始侵染，使花瓣和蒂部呈水浸状，很快变软，萎缩、腐烂，并长出灰色霉层，从小瓜钮的顶部沿瓜条蔓延。而多数是由雌花花瓣基部开始侵染，沿瓜条蔓延，并长出致密的灰色霉层（图1-49）。在低温季节，幼瓜顶部灰色霉层后部常伴有较长的、致密的白色绒状霉,这是灰霉病菌发育前期的菌丝,不要误诊为疫病。

有时,在白色霉层后面,会有透明的水珠状流胶,这是黄瓜本身受到刺激后的自然反应,也需要注意不要误诊(图1-50)。

图1-49 从花瓣基部侵染

图1-50 低温下幼瓜顶部有透明胶状物

(2)瓜条布满灰霉 随病情加重,灰霉逐渐向瓜蒂蔓延,最后整个幼瓜布满灰霉,逐渐脱落(图1-51)。这种幼瓜上有大量的分生孢子,用手一弹,就会像冒烟一样飘散出来,扩散到环境中,导致病害蔓延,因此,必须彻底将其摘除,减少病菌基数,再喷药防治,才能有明显的效果。此外,化瓜会加剧灰霉病的蔓延。出现化瓜症状的幼瓜,逐渐萎蔫,抗性降低,极易被病菌侵入。如果组织死亡,则更容易感染灰霉(图1-52)。低温季节,光照弱,植株营养不良,容易化瓜,除化瓜本身造成的损失外,还会加重灰霉病病情。

图1-51　灰霉布满整个幼瓜

图1-52　病菌侵染出现化瓜症状的幼瓜

（3）大瓜被侵染　　除幼瓜容易染病外，接近采收期的大瓜同样也会受到侵害，病菌也多是从残败的花瓣开始侵染，从瓜顶部发病，沿瓜条蔓延，形成致密的灰霉（图1-53）。在低温季节，同样会在瓜条的病健分界位置，出现透明的流胶症状。最后，整个瓜条布满灰霉，挂在植株上（图1-54）。

图1-53　沿瓜条蔓延

图1-54　整瓜布满灰霉

3. 茎　烂花、烂瓜及发病卷须落在茎上，或由于摘叶、摘卷须、摘除侧枝等操作造成伤口，会引起茎发病。发病部位多在节处，初期呈现水浸状，组织坏死，茎表皮变为灰白色至浅褐色，病斑表面出现灰霉（图1-55）。剖视病部，可见节内组织变为褐色，干枯坏死，丧失输导能力（图1-56）。

图1-55　茎节部位发病

图1-56　节内组织坏死

4．幼苗　日光温室冬春茬黄瓜育苗时，正值 12 月份低温季节，幼苗也容易感染灰霉病，子叶多从叶尖染病，然后病菌呈水浸状向内侵染，病健交界处呈弧形，病斑数量少，但比较大，通常为浅灰色，有轮纹，没有明显的霉层（图 1-57）。幼苗真叶染病，与成株真叶染病症状类似，也是多从叶缘开始发病，呈现"V"形病斑或圆形病斑，由于叶片柔嫩，发病迅速，病斑形状并不规则，有时伴有黄叶症状，容易误诊（图 1-58）。

图 1-57　幼苗
子叶染病症状

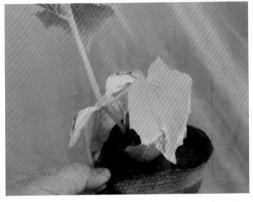

图 1-58　染病的黄瓜幼苗

5．植株　如前所述，由于灰霉病菌侵染黄瓜植株的茎，会破坏茎内部的输导组织，导致水分和养分运输受阻，叶片水分不足，就会出现萎蔫症状（图 1-59、图 1-60）。随病情加剧，整个植株就会干枯死亡，症状与枯萎病十分类似，不同的是，灰霉病植株在茎基部通常能看到明显的灰霉。

图1-60　叶片干枯

图1-59　植株萎蔫

【病原】　无性世代为 *Botrytis cinerea* Pers. ex Fr.，称作灰葡萄孢，属真菌界半知菌亚门、丝孢纲、丝孢目、暗丛梗孢科、葡萄孢属属真菌。有性世代为 *Sclerotinia fuckeliana* (de Bary) Fucke.，称作为富克尔核盘菌，属真菌界子囊菌门盘囊菌纲柔膜菌目盘菌科核盘菌属真菌。

病菌的孢子梗数根丛生，褐色，顶端分枝 1～2 轮，分枝顶端密生小柄，其上生大量分生孢子。分生孢子圆形至椭圆形，单细胞，近无色。分生孢子大小 5.5～16 微米 ×5.0～9.25 微米。本菌为弱寄生菌，可在有机物上腐生。发育适温 20℃～23℃，最高 31℃，最低 2℃。对湿度要求很高，一般 12 月份至翌年 5 月份，气温 20℃左右，相对湿度持续 90% 以上的多湿状态易发病。

【发病规律】　病原菌以菌丝、分生孢子及菌核附着于病残体上或遗留在土壤中越冬，靠风雨及农事操作传播，苗期和花期较易发病，病菌分生孢子在适温和有水滴的条件下，萌发出芽管，从寄主伤口、衰弱和枯死的组织侵入，萎蔫花瓣和较老的叶片尖端坏死部分最容易被侵染，引起发病。开花至结瓜期是该病侵染和蔓延的高峰期。

高湿（相对湿度94%以上）、较低温度（18℃～23℃）、光照不足、植株长势弱时容易发病，因此，在冬春温室栽培时，尤其是寒流肆虐期发病最重。当气温超过30℃，相对湿度不足90%时，基本停止蔓延。因此，此病多在冬季低温寡照的温室内发生。种植密度大、通风透光不好，发病重。氮肥施用太多，茎叶组织过嫩，抗性降低易发病。土壤黏重、偏酸；多年重茬，田间病残体多；肥力不足、耕作粗放、杂草丛生的田块，植株抗性降低，发病重。肥料未充分腐熟、有机肥带菌或肥料中混有同科作物病残体的易发病。大棚栽培的，往往为了保温而不放风、排湿，引起湿度过大的易发病。阴雨天或清晨露水未干时整枝，或虫伤多，病菌从伤口侵入，易发病。地势低洼积水、排水不良、土壤潮湿易发病，高温、高湿、结露、多雨或长期连阴雨、日照不足易发病。

【防治方法】

1.农业防治　选用抗病品种，选用无病、包衣的种子，如未包衣则种子须用拌种剂或浸种剂灭菌。

选用排灌方便的田块，开好排水沟，降低地下水位，达到雨停无积水；大雨过后及时清理沟系，防止湿气滞留，降低田间湿度，这是防病的重要措施。

播种前或移栽前，或收获后，清除田间及四周杂草，集中烧毁或沤肥，深翻地灭茬，促使病残体分解，减少病源。

育苗移栽，苗床床底撒施薄薄一层药土，播种后用药土覆盖，移栽前喷施一次除虫灭菌剂，这是防病的关键。

生长期间，及时防治害虫，减少植株伤口，减少病菌传播途径。

施用酵素菌沤制的堆肥或腐熟的有机肥，不用带菌肥料，施用的有机肥不得含有植物病残体。采用测土配方施肥技术，适当增施磷钾肥，加强田间管理，培育壮苗，增强植株抗病力，有利于减轻病害。叶面喷施0.3%的磷酸二氢钾溶液可以提高植株的抗病能力。

利用嫁接育苗，可防止该病的大发生。

瓜条坐住后摘除幼瓜顶部的残余花瓣，发现病花、病瓜、病叶要立即摘除并深埋。病穴施药或生石灰。收获后彻底清除病残组织，带出棚室外深埋或烧掉。

及时打掉黄瓜植株下部的老叶，而后盘蔓，减少土壤中的病菌通过下部叶片向植株上部侵染。避免在阴雨天气整枝（图1-61、图1-62）。

图1-61　摘除老叶

图1-62　下部叶片与地面保持距离

重病地，在盛夏休闲期可深翻灌水，并将水面漂浮物捞出深埋或集中烧掉。

2. 生态防治　放风排湿，控制灌水等措施降低棚内湿度，进行高畦覆膜栽培，铺地膜可以降低田间湿度，减少叶片表面结露和叶缘吐水时间，可以减少病菌的侵染机会。

避免大水漫灌，阴天不浇水，防止空气湿度过高。清除棚室薄膜表面尘土，增强光照，及时放风。

灰霉病在气温高于25℃后发病明显减轻，高于30℃不发病。因此建造保温性能良好的高标准温室，白天提高温度可以有效地抑制灰霉病的发生和蔓延。

3. 药剂防治　及时用药，从黄瓜发病初期开始，可选择喷洒50%益得可湿性粉剂500倍液，50%腐霉利（速克灵、黑灰净、必克灵、扫霉特、克霉宁、灰霉灭、灰霉星）可湿性粉剂1 500倍液，65%甲硫·霉威可湿性粉剂600～1 000倍液，50%乙烯菌核利可湿性粉剂1 000～1 300倍液，20%菌核净水乳剂5 000倍液，25%咪鲜胺（使百克）乳油2 000倍液，30%百·霉威可湿性粉剂500倍液，40%嘧霉胺（施佳乐、方乐、隆利）悬浮剂1 200倍液，20%恶咪唑可湿性粉剂2 000倍液，2%丙烷脒水剂（恩泽霉）1 000倍液，50%烟酰胺水分散粒剂（凯泽）1 500倍液，70%代森锰锌可湿性粉剂500倍液，65%抗霉威可湿性粉剂1 000～1 500倍液，50%多菌灵可湿性粉剂500倍液，50%福美双可湿性粉剂600倍液，70%甲基硫菌灵可湿性粉剂800倍液，50%扑海因（异菌脲）可湿性粉剂1 000～1 500倍液，75%百菌清可湿性粉剂600倍液，25%啶菌恶唑乳油（菌思奇）2 500倍，40%木霉素（特立克、生菌散、灭菌灵）600倍液，50%异菌脲·福美双可湿性粉剂（抑菌福）800倍液等药剂。每5～7天1次，视病情连续防治2～3次。

乙烯菌核利是防治灰霉病的经典药剂，为触杀性杀菌剂，主要干扰病菌细胞核功能，并对细胞膜和细胞壁产生影响，改变膜的透性，使细胞破裂，是对灰葡萄孢属真菌有效的选择性杀菌剂。

此外，生产实践中，乙霉威的表现也很好，乙霉威具有保护和治疗作用，能被吸收并在体内运转，防效高，持效期长。乙霉威有两种复配剂型，65%硫菌·霉威可湿性粉剂由甲基硫菌灵52.5%和乙霉威12.5%混配而成；50%多·霉威可湿性粉剂，由多菌灵25%和乙霉威25%混配而成。防治黄瓜灰霉病时，每667米^{2}可用65%硫菌·霉威80～125克，配成800～1 250倍液，于黄瓜花期喷药，连喷3～5次，每次间隔7天。

用2亿活孢子／克木霉菌可湿性粉剂300～600倍液喷雾进行生物防治。

保护地栽培时也可用45%百菌清烟雾剂，或10%速克灵烟雾剂熏烟防治，每667米^{2}250～350克，分放5～6处，傍晚暗火点燃，闭棚过夜，次日早晨通风，隔6～7天再熏1次（图1-63、图1-64）。还可用10%杀霉灵粉尘剂，或10%灭克粉尘剂，或5%百菌清粉尘剂喷粉防治，每667米^{2}1千克，7天喷1次。

图1-63 防治灰霉病的烟雾剂

图1-64　熏烟防病

（六）菌核病

【症状】　棚室或露地的黄瓜均会发病，以棚室黄瓜受害重。该病主要危害果实和茎蔓，诊断特征是病部前期长出白色棉毛状菌丝，后期纠结形成黑色鼠粪状菌核。

1.果实　果实染病多从顶部残花部位即脐部开始，病部颜色变淡，呈现黄色绿色，渐向瓜条上部发展。呈水浸状，病部变软、腐烂。

在低温、高湿的环境有利于病害加重，黄瓜果实顶部常伴有流胶现象，胶液透明或乳白色，水珠状，珠粒大而密集（图1-65）。需要注意的是，除菌核病外，枯萎病、炭疽病、蔓枯病和黑星病也会引起瓜条或者是茎蔓上流胶，症状相似，可以这样区分：一般情况下枯萎病多数只是在茎蔓上流胶；黑星病流胶后，瓜上出现暗绿色的凹陷斑，病部呈疮痂状；炭疽病和蔓枯病都会在瓜条或者茎蔓上出现流胶，可以辅助叶片症状区分。另外，瓜条如果受外伤也会引起流胶现象，这是黄瓜的一种自我调节方式。除从顶部发病外，有时也从果实中部发病（图1-66）。还有，果实先端先发生灰霉病，然后感染菌核病的。

而后，病部表面逐渐长出白色的棉絮状菌丝体菌丝，与疫病

图1-65 菌核病引发流胶

图1-66 从果实中部发病

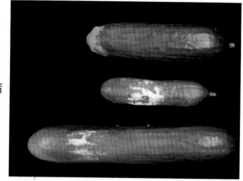

霉层相比，菌核病霉层更致密，果实也进一步腐烂（图1-67）。最后，果实完全腐烂，水分蒸发，病瓜变得细小，致密的菌丝纠结在一起，形成黑色菌核（图1-68）。病菌逐渐侵染到果实内部，果肉变为灰褐色或黑褐色，逐渐腐烂。

2．茎　茎蔓染病时，多从靠近地面的茎部发

图1-67 病部出现
白色霉层果实腐烂

图 1-68　病果干枯
菌丝纠结成菌核

病，尤其是主侧枝分杈处或节部。产生褪色水浸状斑，后逐渐
扩大，呈淡褐色，高湿条件下，病茎软腐，长出白色棉絮状菌
丝。湿度高、温度低的环境下会伴有流胶，胶液浅黄色、乳白
色或透明状（图 1-69）。随病情发展，茎部霉层越来越致密，
并沿茎向上下蔓延。而后，菌丝逐渐变为灰黑色，高湿条件下，
嫩茎会缢缩。后期菌丝密集鼠粪般黑色菌核，茎表面干枯，
变为灰白色或浅褐色（图
1-70）。茎髓部遭破坏腐
烂中空，或纵裂干枯，茎
髓腔内也会形成坚硬的菌
核。

图 1-69　节部发病

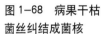

图 1-70　茎表面形成菌核

43

3. 植株 茎部发病，输导组织受到破坏，导致病部以上茎叶萎蔫（图1-71、图1-72）。

图1-71 病部以上叶片萎蔫

图1-72 茎基部发病整个植株萎蔫

【病原】 *Sclerotinia sclerotiorum* (Lib.) de Bary，子囊菌亚门核盘菌。菌核初白色，后表面变黑色鼠粪状，菌核大小不等，1.1～6.5毫米×1.1～3.5毫米，由菌丝体扭集在一起形成（图1-73）。干燥条件下，存活4～11年。在5℃～20℃条件下菌核吸水萌发，产出1～30个浅褐色盘状或扁平状子囊盘，系有性繁殖器官。子囊盘柄的长度与菌核的入土深度相适应，一般3～15毫米，有的可达6～7厘米，子囊盘柄伸出土面为乳白色或肤色小芽，逐渐展开呈杯状或盘状，成熟或衰老的子囊盘变成暗红色或淡红褐色（图1-74）。子囊盘中产生很多子囊和侧丝，子囊盘成熟后子囊孢子呈烟雾状弹射，高达90厘米，子囊无色，棍棒状，内生8个无色的子囊孢子。子囊孢子椭圆形，单胞。一般不产生分生

孢子。在 0℃ ~ 35℃
条件下菌丝均能生长，
菌丝生长及菌核形成
最适温度 20℃，最高
35℃，50℃ 经 5 分钟
致死。

图 1-73 菌 核

图 1-74 子囊盘

【发病规律】 病部形成的菌核遗留在土壤中或混杂在种子中越冬或越夏，混在种子中的菌核会随播种操作进入田间，留在土壤中的菌核遇到适宜温湿度条件时即可萌发，在地表出现子囊盘，放出子囊孢子，随气流传播蔓延，侵染衰老的花瓣或叶片。在田间，带菌雄花落在健叶或茎上经菌丝接触，易引起发病，并以这种方式进行重复侵染，直到条件不适宜繁殖时，又形成菌核落入土中或随种株混入种子中越冬或越夏。

病菌对水分要求较高，相对湿度高于 85%，温度在 15℃ ~ 20℃ 利于菌核萌发和菌丝生长、侵入及子囊盘产生。因此，低温、高湿或多雨的早春或晚秋有利于该病发生和流行。连年种植葫芦科、茄科及十字花科蔬菜的田块，排水不良的低洼地，或偏施氮肥，或霜害、冻害条件下发病重。

对发病温室观察发现，该病发生有如下规律。首先，完成嫁接的黄瓜苗断根以后，由于嫁接口离地面比较近，因此近地面的部位容易长出不定根，如果不及时将不定根剪除，嫁接就失去了意义，植株抗性降低了，自然就很容易导致植株茎部的病菌感染，诱发菌核病。其次，在阴雨天或气温回升时期，当空气湿度、土壤湿度较大的时候进行整枝掐叶等容易给植株留下伤口的农事活动，植株感染菌核病的几率也是非常高的。

【防治方法】

1. 农业防治　有条件者最好与水生作物轮作，或在夏季把病田灌水浸泡半个月，或收获后及时深翻，深度要求达到 20 厘米，将菌核埋入深层，抑制子囊盘出土。同时采用配方施肥技术，增强植株抗病力。黄瓜定植断根后，随时检查接穗不定根的发生情况，并及时剪除不定根。阴雨天或者气温高、湿度大的时候不要进行整枝掐叶等农事活动，以免植株伤口感染病菌。每年定期对棚土进行处理，尤其是老棚，以减少土壤中的致病菌。

2. 物理防治　播种前用 10% 盐水漂种 2 ~ 3 次，淘除菌核。用紫外线透过率较高的塑料薄膜覆盖棚室，可抑制子囊盘出土及子囊孢子形成。也可采用高畦覆盖地膜的栽培方式抑制子囊盘出土及释放子囊孢子，减少菌源。

3. 生态防治　棚室栽培时，上午以闭棚升温为主，温度不超过 30℃ 不要放风，温度较高还有利于提高黄瓜产量，下午及时放风排湿，相对湿度要低于 65%，发病后可适当提高夜温以减少结露，可减轻病情。防止浇水过量，土壤湿度大时适当延长浇水间隔期。

4. 药剂防治　种子和土壤消毒　定植前用 40% 五氯硝基苯配成药土耙入土中，每 667 米^2 用药 1 千克兑细土 20 千克，拌匀撒入定植穴。种子用 55℃温水浸种 10 分钟，即可杀死菌核。

每次进行完整枝摘叶后，都要对植株伤口处进行及时的药剂处理。可选用 50% 蔓枯灵乳油 500 倍液，或 38% 恶霉灵可湿性粉剂 1 000 倍液加 72% 农用链霉素可湿性粉剂 1 500 倍液。

棚室地面上出现子囊盘时，采用烟雾或喷雾法防治，用 10% 速克灵烟剂或 45% 百菌清烟剂，每 667 米^2 250 克，熏 1 夜，隔 8 ~ 10 天 1 次，连续或与其他方法交替防治 3 ~ 4 次。喷撒 5% 百菌清粉尘剂，每 667 米^2 每次 1 千克。每 8 ~ 9 天 1 次，连续防治 3 ~ 4 次。

成株期发病，可以选择使用 2% 宁南霉素（菌克毒克）水剂 250 倍液，40% 菌核净（斯环丙胺、纹枯利、佩斯、宝丰灵）可湿性粉剂 600 倍液，灰蜜霉安（成分：8% 菌核净 +40% 四甲基秋兰姆二硫化物 +52% 嘧霉胺）可湿性粉剂 800 倍液，50% 灭霉灵可湿性粉剂 600 倍液，50% 乙烯菌核利（农利灵）可湿性粉剂 1 000 倍液，50% 腐霉利·多菌灵（菜菌克）可湿性粉剂 1 000 倍，50% 腐霉利可湿性粉剂 1 500 倍液，50% 福·异菌（灭霉灵）可湿性粉剂 800 倍液，25% 咪鲜胺（使百克）乳油 1 000 倍液，36% 多·咪鲜（田茂）乳油 1 500 倍液，35% 多菌灵磺酸盐（菌核光、溶菌灵）悬浮剂 700 倍液，50% 扑海因（异菌脲）可湿性粉剂 1 000 倍液，50% 多·霉灵（多菌灵 + 乙霉威）可湿性粉剂 1 000 倍液，50% 福·菌核（菌核净 + 福美双）可湿性粉剂 600 倍液，50% 扑海因可湿性粉剂 1 500 倍液等药剂喷雾，每 8 ~ 9 天 1 次，连续防治 3 ~ 4 次。病情严重时，除日常喷雾外，还可把上述杀菌剂兑成 50 倍液，涂抹在瓜蔓病部，抑制病情。

（七）枯 萎 病

【症　状】　黄瓜枯萎病是一种土传病害，发病严重时田间病株率达 50% 以上，连作条件下通常由于病原微生物的积累，而使得病害逐年加重，普遍发病，因此，枯萎病是黄瓜连作种植的主要障碍，其典型症状是萎蔫，而后整株枯死。枯萎病主要侵染茎，不侵染果实。

1. 植株　多在开花结果期或根瓜采收后发生，先从接近地面的茎基部叶片开始发病，病菌引发根系和茎的输导组织受害，使养分水分转运受阻，造成植株叶片萎蔫，一部分叶片或植株一侧叶片在中午萎蔫，似缺水状，早、晚又恢复正常（图1-75）。病菌会向周围蔓延，初期在田间表现为零星发病，后期则成片发病。萎蔫叶自下而上不断增多，渐及全株，一段时期后，萎蔫叶片不能再恢复，终致叶片干枯，植株死亡（图1-76）。这种病害会从

发病中心向四周蔓延，逐年严重，导致成片拉秧，危害极大。

图1-75　染病植株萎蔫

图1-76　塑料大棚发病后期病株干枯

2. 茎　黄瓜枯萎病属于土壤传染的维管束病害，主要侵害植

株根部和茎基部维管束，病菌在维管束内繁殖蔓延，通过堵塞维管束导管和分泌有毒物质毒害寄主细胞，破坏寄主正常吸收输导机能。

（1）茎基部约5厘米长茎段 发病初期，茎基部表皮出现纵裂，在潮湿环境下，纵裂处可能生出不定根，茎表皮颜色略变褐（图1-77）。之后，在基部约5厘米长的一段中，从茎基部及主根表皮开始，颜色变褐，组织腐烂。剖检发病植株茎基部，看内部组织，可见茎部从皮层开始，靠近根系的一段茎组织在初期变褐，说明已经受到侵染（图1-78）。之后，观察茎组织，可见由外而内腐烂，表层褐变部分在用手触碰时，有掉渣的感觉。

图1-77 茎表皮纵裂

图1-78 茎基部内部组织变褐

（2）茎基部约20厘米长茎段 茎部病情逐渐从基部沿茎向上发展，茎基部约20厘米长的一段表皮坏死，变为浅褐色，湿度高时有白色霉层（图1-79）。之后这段茎连同根系一起，逐渐

图 1-79 茎基部腐烂

腐烂，极易从土壤中被拔出。侵染前期，将这段茎捏开，可见表层组织腐烂，内部仍呈现绿色（图1-80）。后期，整个茎内部组织基本坏死，呈现褐色。

图 1-80 茎表层褐色，内部绿色

植株茎任何一段都有可能发病，但以中下部为多。通常在茎一侧发病，水浸状，病部纵向沿茎延伸可以长达几十厘米。

染病植株的茎维管束呈褐色病变，维管束变褐，是枯萎病的标志性特征（图1-81、图1-82）。本病与黄瓜疫病症状共同点是病株外观呈萎蔫状。不同点在于：黄瓜疫病染病的茎蔓维管束不变色，仅茎节表面变褐，收缩成线状，并侵害果实引致果腐，潮湿时果面出现稀疏白色霉

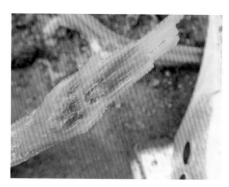

图 1-81 维管束变褐（斜切）

状物。枯萎病不侵染果实，染病茎基部潮湿时长出黄白色至粉红色粉状霉，内部维管束则变褐。

图 1-82 维管束变褐（横切）

【病 原】*Fusarium oxysporum* f.sp.*cucumerinum*，半知菌亚门镰孢属尖镰孢菌黄瓜专化型。根据尖镰孢菌（尖孢镰刀菌）*Fusarisum oxysporum* 对不同瓜类的侵染力差异分为 4 个专化型，其中黄瓜专化型主要危害黄瓜，人工接种对甜瓜也有较强的致病力，并能轻度感染西瓜、冬瓜。自然条件下不侵染西瓜、瓠瓜、南瓜、丝瓜。

菌丝体上长出分生孢子梗，分生孢子梗与菌丝体相互交织形成瘤状结构，即分生孢子座，突出于病部表面。分生孢子梗上着生分生孢子，尖镰孢菌能产生两种分生孢子。小型分生孢子无色，产生快，数量多，椭圆至长椭圆形，单胞，偶而有双细胞，大小为 5.0 ~ 12.5 微米 ×2.5 ~ 4.0 微米。大型分生孢子无色，产生慢，数量少，纺锤形或镰刀形，1 ~ 5 个隔膜（多为 3 个隔膜），顶端细胞较长，渐尖，足胞有或无，大小为 15.0 ~ 47.3 微米 ×3.5 ~ 4.0 微米，单个孢子无色，大量孢子聚集在寄主茎表时呈白色至粉红色。厚垣孢子产生慢，数量少，可在菌丝或大型分生孢子上产生，顶生或间生，单生或串生，淡黄色，圆球形，直径 5 ~ 13 微米。

【发病规律】 镰刀菌是一类世界性分布的真菌，可以在土壤中越冬越夏，侵染寄主植物维管束系统，破坏植物的输导组织维管束，并在生长发育代谢过程中产生毒素危害作物，造成作物萎蔫死亡，影响产量和品质，是生产上防治最艰难的重要病害之一。

病菌主要以菌丝体、厚垣孢子和菌核在土壤、病残体、种子及未腐熟的带菌粪肥中越冬，成为翌年的初侵染来源。病菌的生活力极强，在土壤中可存活 5～6 年或更长的时间，厚垣孢子通过牲畜的消化道后仍能存活。病株采收的种子内外均可带菌，故种子带菌也是该病侵染源之一，种子带菌作为老病区的初侵染来源是次要的，但通过调种远距离传病的作用不可忽视。

病菌通过根部伤口、侧根分枝处的裂缝、幼苗茎基部裂口或直接从根毛顶端的细胞间隙侵入，先在寄主薄壁细胞间和细胞内生长蔓延，然后进入维管束，在维管束内繁殖，由下向上发展，以菌丝或寄主产生的侵填体等堵塞导管。另外，病菌还能分泌毒素干扰寄主代谢系统，积累许多醌类化合物，使植株细胞中毒死亡，并使导管变褐色，使植株萎蔫。病害有潜伏侵染现象，有些植株虽在幼苗期即被感染，但直到开花结瓜期才表现症状。

枯萎病在田间的传播主要靠灌溉水、土壤耕作及地下害虫和土壤线虫。地下害虫和土壤线虫既可以传病，又可制造伤口和降低植株抗病性，有利于病菌传染和病害发生。

【防治方法】

1. 农业防治　选用抗病品种。目前生产上有一大批高抗枯萎病的黄瓜品种，主要有津研 5 号、津研 6 号、津研 7 号、津杂 1 号、津杂 2 号、津杂 3 号、津杂 4 号、津春 1 号、津春 2 号、津春 3 号、津春 4 号、津春 5 号，津优 1 号、津优 2 号、津优 3 号、中农 5 号、中农 7 号、中农 8 号、中农 13，长春密刺、西农 58，龙杂黄 1 号，鲁黄瓜 1 号、鲁黄瓜 4 号、鲁黄瓜 10 等，可根据各地不同的消费习惯选用。

嫁接育苗。利用黑籽南瓜对尖镰孢菌黄瓜专化型免疫的特点，以黑籽南瓜为砧木，以黄瓜品种为接穗，进行嫁接育苗，可有效地防治枯萎病，这是生产上防治枯萎病的最有效方法（图1-83、图1-84）。

图1-83　黄瓜嫁接苗

图1-84　嫁接植株的接口状态

加强管理。采用地膜覆盖栽培方式，所用农家肥要充分腐熟。拔除病株于田外烧毁，病株穴内撒多菌灵等药剂消毒。夏季5～6月份，拉秧后深耕、灌水，地面铺旧塑料布并压实，使土表温度达60℃～70℃，5～10厘米土温达40℃～50℃，保持10～15天，有良好杀菌效果。浇水时做到小水勤浇，严禁大水漫灌。

2. **药剂防治**　种子消毒。用60%防霉宝（多菌灵盐酸盐）超微粉1 000倍液浸种1～2小时，或用50%多菌灵可湿性粉剂500倍液浸种1小时，或40%福尔马林150倍液浸种1.5小时，然后用清水冲净，再催芽、播种。

床土消毒。按每平方米苗床用50%多菌灵可湿性粉剂8克，将药剂掺入营养土。定植前要对栽培田进行土壤消毒，每667米^2

53

用 50%多菌灵 3 千克，混入细土，兑成药土，撒入定植穴内。

田间防治。容易发病地块，从发现病株开始，对所有植株选用 50%多菌灵可湿性粉剂 500 倍液，50%甲基硫菌灵可湿性粉剂 400 倍液，25.9%抗枯宁可湿性粉剂 500 倍液，浓度为 100 毫克／升的农抗 120 溶液，0.3%硫酸铜溶液，50%福美双可湿性粉剂 500 倍液加 96%硫酸铜 1 000 倍液，5%菌毒清可湿性粉剂 400 倍液，10%双效灵水剂 200～300 倍液，800～1 500 倍高锰酸钾，60% 琥·乙膦铝可湿性粉剂 350 倍液，或 20%甲基立枯磷乳油 1 000 倍液等药剂灌根，每株 0.25 千克，5～7 天 1 次，连灌 2～3 次，灌根时加 0.2%磷酸二氢钾效果更好。

对于田间枯萎病植株，要及时拔除，并对病穴及邻近植株用药液淋浇，每株用药液 200～250 毫升。适用药有 50% 多菌灵可湿性粉剂 500 倍液、98%恶霉灵可溶性粉剂 2 500 倍液、敌力脱（250 克／升丙环唑乳油）1 500 倍液、特克多（450 克／升噻菌灵悬浮剂）1 000 倍液、20% 萎锈灵乳油 2 500 倍液等。

用"瑞代合剂"（1 份瑞毒霉，2 份代森锰锌拌匀）140 倍液，于傍晚喷雾，有预防和治疗作用；对于茎部症状，可用 70%敌克松可湿性粉剂 10 克，加面粉 20 克，对水调成糊状，涂抹病茎，可防止病茎开裂。

（八）蔓枯病

【症 状】蔓枯病是枯萎病之外的又一种危害严重的土传病害，多在成株期发病，主要危害茎部，也危害叶片，日光温室栽培的越冬茬或冬春茬黄瓜最易发病。有时表现为顺畦发病，逐渐蔓延，植株叶片由下而上干枯、死亡，而茎处的症状反而不突出。

1. 茎　黄瓜茎基部最易发病，嫁接黄瓜很容易从接口位置染病，发病早期，茎基部出现黄白色斑，形状不规则，然后表皮开裂，有时会从裂隙中长出不定根（图 1-85）。虽然茎基部出现病变，但根系正常。在较高的湿度下，病部逐渐被灰白色霉层所覆盖，病部逐渐扩大后，霉层会逐渐沿茎向植株上部蔓延（图1-86）。病部变得粗糙，呈浅褐色，用手指甲轻轻刮表皮，可以轻易将死亡组织刮下，当病部包围整个茎基部，会逐渐导致植株死亡。

图1-85　茎基部纵裂

图1-86　病斑长出灰白色霉层

植株中上部茎段发病时，发病部位多在节处，出现菱形或椭圆形病斑，病部褪绿，逐渐变为白色或黄褐色，其上有油浸状小斑点，逐渐扩展，可达几厘米长，稍凹陷。有时溢出黄白色至琥珀色的树脂胶状物（图1-87）。干燥时，胶粒逐渐失水变为红褐色，茎随即干缩纵裂，呈乱麻状，引起蔓枯，蔓枯病由此得名，严重时茎节变黑，腐烂，茎表面散生大量小黑点，即病菌的分生孢子器及子囊壳（图1-88）。在高湿度时，病斑扩散较快，会见到致密的白色霉层。

55

图 1-87　病部流胶

图 1-88　胶粒变干茎纵裂

　　茎上病斑纵向发展，可能延伸至多节，也可能多点同时发病，多数情况下会在茎一侧发病，而茎的另一侧仍保持正常。蔓枯病多是从茎表面由外向内侵染的，发病时虽然茎表皮腐烂，但维管束不变为褐色，这是与枯萎病的重要区别。

　　2. 植株　茎部病斑扩散后绕茎一圈，会使上半部植株逐渐萎蔫枯死，基部发病的植株，整个植株逐渐萎蔫（图1-89、图1-90）。茎发病部位容易腐烂、纵裂，最后

图 1-89　茎发病导致植株萎蔫

有可能折断。但蔓枯病
一般不会导致全株迅速
萎蔫死亡，这是与枯萎
病的重要区别。

图1-90　整株萎蔫

3．叶　蔓枯病主要侵染茎部，有时叶片也会表现症状，多从叶缘开始侵染，有时也从叶面中间发病，病斑灰白色至浅褐色（图1-91、图1-92）。发病较慢时，病斑近圆形，大小不一，最大直径可达2～3厘米，后期病斑淡褐色或黄褐色，隐约可见不明显轮纹。发病迅速时会形成达到半个叶片的大型病斑，病斑初期呈半圆形或自叶片边缘向内产生"V"形病斑，逐渐扩大，呈弧形向内发展，通常为黄白色，后期其上散生许多小黑点。最后，病斑易破碎，病叶自下而上枯黄，但不脱落，严重时只剩顶部1～2片叶，这也是区别于枯萎病的特征之一。

图1-91　从叶缘
开始发病

图1-92　叶面
及叶缘同时发病

【病　原】　*Didymella bryoniae =Mycosphaerella melonis* (Pass.) Chiu et Walker，称甜瓜球腔菌，属子囊菌亚门真菌。无性世代（*Ascochyta cucumis*），称西瓜壳二孢菌，属半知菌亚门真菌。叶片病斑上的小黑点多为病菌的分生孢子器。分生孢子器球形或扁球形，黑褐色，内生多量分生孢子。分生孢子短圆形至圆柱形，无色，初时单胞后变双胞。茎蔓上病斑小黑点有时为病菌子囊壳。子囊壳球形，黑色，内生有多个直或弯曲的无色透明的棍棒状子囊。子囊内有8个上胞大、下胞小的双胞子囊孢子。

【发病规律】　病菌主要以分生孢子器或子囊壳随病残体在土壤中越冬，也可附着在棚室架材上越冬，种子能带菌引致子叶染病，成株多由茎节侵入。

借助风雨传播，从植株伤口、气孔或水孔侵入。土壤水分多，茎部经常接触水，田间相对湿度大，都容易引起发病。病菌喜温暖和高湿条件，适宜发病气温20℃～25℃，相对湿度85%以上。实践中，在黄瓜栽培75～83天后，其菌量出现一次高峰，尤其是阴雨天及夜晚，子囊孢子数量高，夜间露水大易发病。据观察，茎基部发病与土壤水分有关，土壤湿度大或田间积水，易发病。保护地通风不良、种植过密、连作、植株脱肥、长势弱、光照不足、空气湿度高或浇水过多、氮肥过量或肥料不足，均能加重病情。

【防治方法】

1. 农业防治　实行2～3年轮作；施足基肥，适时追肥，防止植株早衰；雨后及时排水，降低土壤水分。保护地注意放风排湿。收获后彻底清除田间病残体，随之深翻。露地栽培防止大水漫灌，水面不超过畦面。发病后适当控制浇水。高畦定植，覆盖地膜，膜下浇水；发病初期要认真彻底清除病叶、病蔓；注意科学放风。

2. 药剂防治　种子消毒。除用55℃温水浸种15分钟这种物理消毒方法外，可以用化学药剂消毒，比如用40%福尔马林100

倍液浸种 30 分钟，浸后用清水冲洗，而后催芽、播种。

对病株及病株周围 2 ～ 3 米内植株进行灌根或小面积漫灌；若病原菌同时危害地上部分，应在根部灌药的同时，地上部分同时进行喷雾，每 5 天用药 1 次。

发病初期，可选择喷洒 75% 百菌清可湿性粉剂 600 倍液，50% 硫菌灵可湿性粉剂 500 倍液，80% 代森锌可湿性粉剂 800 倍液，70% 代森锰锌可湿性粉剂 500 倍液，50% 混杀硫悬浮剂 500 倍液，50% 多硫胶悬剂 500 倍液，20% 井冈霉素可湿性粉剂 1 000 倍液，0.5% 氨基寡糖素水剂 1 500 倍液，25% 敌力脱（必扑尔）乳油 6 000 倍液，10% 苯醚甲环唑水分散颗粒剂 6 000 ～ 7 000 倍液，36% 甲基硫菌灵胶悬剂 400 倍液等药剂。每 7 ～ 10 天喷 1 次，连治 2 ～ 3 次。

还可混合用药，常用混合配方有：40% 多菌灵悬浮剂 500 倍液 +3% 壳聚糖（绿宝、甲壳素）溶液 300 倍液；5% 亚胺唑（霉能灵）可湿性粉剂 800 倍液 +10% 多氧霉素（宝丽安、多效菌素、保利霉素、多抗霉素）可湿性粉剂 1 000 倍液 + 细胞分裂素 600 倍液；4% 四氟醚唑（朵麦可）水乳剂 1 500 倍液 +65% 代森锌可湿性粉剂 600 倍 +0.5% 几丁聚糖（氨基寡糖）水剂 1 000 倍喷雾；50% 施保功（主要成分：丙氯灵 + 氯化锰）可湿性粉剂 3 000 倍液 +65% 代森锌可湿性粉剂 500 倍液 + 细胞分裂素 600 倍液；30% 苯醚甲环唑乳油 6 000 倍液 +2% 春雷霉素 (加收米)500 倍液 +0.5% 几丁聚糖水剂 1 000 倍喷雾。每 7 ～ 10 天喷 1 次，连治 2 ～ 3 次。

喷药主要喷茎蔓，让药液顺茎部伤口上方 10 厘米左右向下流，对茎部发病的植株，茎上的病斑发现后，立即用 25% 多菌灵可湿性粉剂 10 倍液涂抹茎的病部。

大棚温室中预防此病，可按每 667 米^2 用 30% 百菌清烟剂 250 克的剂量熏烟，7 ～ 10 天施药 1 次，连续防治 2 ～ 3 次。

（九）煤污病

【症状】 主要危害叶片和果实。

1.叶片 发病初期，叶片表面产生灰黑色至炭黑色小霉点，扩展后呈大小不等的圆形霉斑，即煤污菌菌落，分布在叶面局部（图1-93）。随病情发展，叶面上布满煤污菌菌落，严重时覆盖整个叶面（图1-94）。多数叶片的背面不被煤污菌侵染，少数叶

片的背面有稀疏的菌落（图1-95、图1-96）。发病中后期，病叶卷曲，染病部分的叶肉坏死，叶片穿孔。

图1-93 叶面出现黑色霉斑

图1-94 霉斑覆盖整个叶片

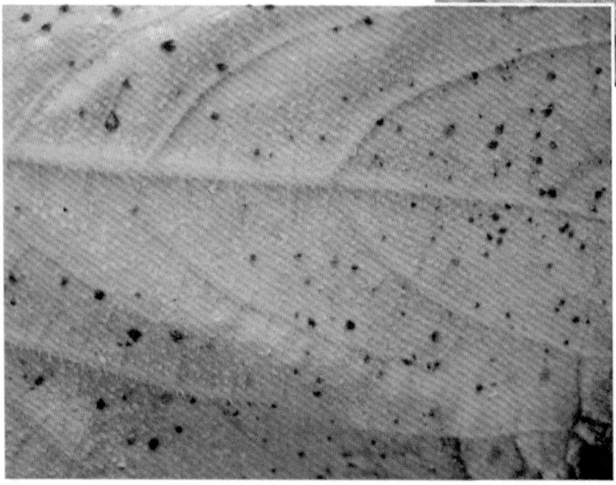

图1-95 白粉虱引发的煤污病

图1-96　叶片背面的煤污菌菌落

图1-97　雌花受害状

2. 花果　病菌也会侵染花和果实，在其上形成煤污斑，湿度大时，发病初期病部会产生灰白色稀疏菌丝（图1-97、图1-98）。

图1-98　病　果

3.茎　病菌也会在茎和叶柄上着生(图1-99）。

图1-99　病　茎

4.植株　煤污病菌会严重阻碍叶片光合作用，影响产量。发病后期，叶片下垂，植株萎蔫，结果极少，直至枯死（图1-100）。

图1-100　煤污病田间症状

【病　原】 *Capnodium* sp.，称煤炱菌，属囊菌亚门核菌纲。无性态为 *Fumago vagans* Pers 称散播烟霉。菌丝体由圆形细胞连成串珠状，多生有刚毛，有时也生附着枝。分生孢子椭圆至卵圆形，单孢，无色，表面光滑，大小约 3.2 ～ 6.1 微米 ×1.5 ～ 2.2 微米。分生孢子器筒形或近棍棒形，密生于菌丝丛中，端部圆形。膨大，暗褐色，大小 300 ～ 385 微米 ×200 ～ 345 微米，分生孢子着生在孢子器的膨大部位，成熟后从裂口处逸出。子囊座瓶状，表生，座壁也由球形细胞组成，直径 110 ～ 150 微米，暗壳色，膜质，顶生孔口，表生刚毛。子囊棍棒形，大小 60 ～ 80 微米 ×12 ～ 20 微米，内生 8 个子囊孢子。子囊孢子褐色，长椭圆形，砖格状，具纵横隔膜，大小 20 ～ 25 微米 ×6.0 ～ 8.0 微米。

【发病规律】　煤污病病菌以菌丝体、分生孢子、子囊孢子在病叶上或在土壤内及植物残体上越冬，环境条件适宜时产生分生孢子，借助风雨、昆虫等传播。后又在病部产出分生孢子，成熟后脱落，进行再侵染。蚜虫、白粉虱等昆虫分泌的蜜汁及排泄物或植物自身分泌物为病菌的生长提供了营养源，进行生长繁殖，辗转危害，引起发病。高温高湿，遇雨或连阴雨天气，特别是阵雨转晴，或气温高、田间湿度大利于分生孢子的产生和萌发，易导致病害流行。设施栽培时，弱光高湿，通风不良，蚜虫、白粉虱等分泌蜜露的害虫发生多时，发病严重。

【防治方法】

1. 生态防治　设施栽培时，注意改变棚室小气候，提高其透光性和保温性。露地栽培时，注意雨后及时排水，防止湿气滞留。

2. 药剂防治　发病初期，及时选择喷洒50%甲硫·硫磺悬浮剂800倍液，50%苯菌灵可湿性粉剂1 000倍液，65%甲霉灵可湿性粉剂1 000倍液，15%亚胺唑可湿性粉剂2 500倍液，40%氟硅唑乳油8 000倍液，25%腈菌唑乳油7 000倍液，40%多菌灵胶悬剂600倍液，50%多霉灵（多菌灵＋万霉灵）可湿性粉剂1 500倍液等药剂，每隔7天左右喷药1次，视病情防治2～3次。

3. 防治害虫　及时防治白粉虱、蚜虫等刺吸式口器害虫。危害时，及时喷洒0.9%爱福丁乳油2 000倍液或48%毒死蜱乳油1 000倍液。

（十）霜　霉　病

【症　状】　霜霉病俗称"黑毛"、"火龙"、"跑马干"等，各地普遍发生，是黄瓜上最常见的一种病害，苗期、成株期均可染病。

1. 幼苗　苗期子叶、真叶发病，开始时出现褪绿斑，扩展后形成黄褐色不规则病斑。湿度大时其背面产生灰黑色霉层。

病情严重时，子叶变黄枯萎（图1-101、图1-102）。

图1-101 发病幼苗

图1-102 幼苗真叶发病症状

2．叶片 发病初期，叶片正面出现黄色病斑，受叶脉限制，呈多角形，但有些品种，或在不同环境条件下，多角形不明显，边界也略显模糊（图1-103）。病斑很快扩展，因环境不同，呈现不同特点。最为典型的是病斑颜色在2天内逐渐变为浅褐色

至黄褐色，因扩展受叶脉限制而呈多角形（图1-104）。

图1-103 发病慢时病斑较少

图 1-104 初期的
典型多角形病斑

这种病斑逐渐扩展连片，颜色也逐渐加深。湿度高时，病斑处叶肉腐烂，犹如用水浸泡过的纸，一捅即破（图 1-105）。之后，病情发展，病斑连成大片，如果空气潮湿，病斑为浅褐色，如果空气干燥，病斑会变为深褐色（图 1-106）。最后叶片布满病斑，

互相连片，致使叶缘卷曲干枯，最后叶片枯黄。

图 1-105 发病
中期多角形病斑

图 1-106 后期病斑连片

在空气干燥，高温强光下，某些品种会出现大型褐色病斑，一些病斑仍然呈现霜霉病典型的多角形病斑特点（图1-107）。

而有些大型病斑则呈不规则形，并不明显地受叶脉限制，后期容易感染链格孢黑霉（图1-108）。

图1-107　大型褐色角斑

图1-108　大型褐色不规则病斑

在土壤水分充足，空气湿度很高的环境下，叶片容易出现生理性充水，此时发生霜霉病，病斑与健康组织分界不明显，十分模糊，病斑也不呈现多角形（图1-109）。病斑颜色通常偏深，为黄色至黄褐色或铁锈色。严重时整个叶片均偏黄，甚至分不出病斑的形状（图1-110）。

图1-109　不规则形病斑

图1-110　不易分辨病斑形状的类型

　　湿度高时叶片背面充水，病斑颜色加深，严重时会渗出无色或浅黄色小液滴，因其扩展受叶脉限制而呈多角形，尤以早晨的水浸状角状病斑最明显，中午稍微隐退（图1-111）。 水浸状病斑会逐渐扩大连片，并迅速长出灰色霉层，在高湿度时，霉层厚而致密（图1-112）。

图1-111　叶背角斑充水

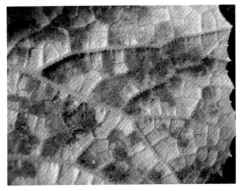

图1-112　叶背的黑灰色致密霉层

3. 植株 成株期，露地栽培者，多从下部发病，由下而上逐渐发展（图1-113）。设施栽培，也有由中部叶片发病，逐渐向上、下部扩展。比如，如果温室前屋面南侧留有通风口，病菌极易从通风口进入，引发黄瓜中部叶片发病（图1-114）。病害蔓延迅速，

因此俗称"跑马干"，后期病斑连片，叶片卷曲干枯，最后除顶部几片小叶外整株叶片发病，严重影响产量，甚至导致拉秧。

图1-113 从下部叶片发病

图1-114 从中部叶片发病

【病 原】 *Pseudopeonospora cubensis* （Berk. et Curt.）Rostov.，称古巴拟霜霉菌，属鞭毛菌亚门真菌。病菌孢子囊梗单根或2～4根成束由气孔伸出，无色，主干细长，上部呈3～5次单轴状锐角分枝，分枝末端着生孢子囊。孢子囊单胞，无色至极淡的褐色，卵形或柠檬形，顶端具乳头状突起。

【发病规律】 病原菌为活体专性寄生真菌。孢子囊寿命短，一般仅能存活1～5天，最多20天。在北方寒冷地区，病菌不能

在露地越冬，植株枯萎后即死亡。种子不带菌，病菌主要靠气流传播，从叶片气孔侵入。在温暖地区黄瓜周年生产，病原菌在叶片上越冬、越夏，随时侵染。

霜霉病的发生与植株周围的温湿度关系非常密切。该病孢子囊产生的适宜温度为 $15℃ \sim 20℃$，萌发的温度为 $5℃ \sim 32℃$。病菌侵入叶片的温度范围是 $10℃ \sim 25℃$，其中以 $16℃ \sim 22℃$ 最为适宜。

病菌在田间大流行的适宜温度为 $20℃ \sim 24℃$。平均温度在 $20℃ \sim 25℃$ 时，3 天可发病。夜间温度由 $20℃$ 降至 $12℃$，叶面的水膜保持 6 小时，病菌即可完成萌发和侵入。这种病在湿度大、温度中等、通风不良时很易发生，发展很快。根据北京农业大学植保系的试验，只要叶片上有水滴或水膜存在，在 $15℃$ 下，孢子经过一个多小时即可萌发，2 小时后病菌即可侵入。若叶片上没有水滴，虽接种亦不发病。形成病斑后，当空气相对湿度为 85%，维持 4 小时以上时，即可大量产生孢子囊，而当相对湿度为 50% ～ 65% 时，则不能产生孢子囊。发病快慢与温度关系亦甚密切，从接种到发病的潜育期，在平均温度为 $15℃ \sim 16℃$ 时为 5 天，$17℃ \sim 18℃$ 时为 4 天，$20℃ \sim 25℃$ 时仅 3 天。温度低于 $15℃$ 或高于 $30℃$ 时其发病受抑制。若叶面上没有水分，什么样的温度下也不会发病。当空气相对湿度达 83% 以上，也就是说当叶面有水膜时，即可发病。

从上述数据不难看出，霜霉病发生的温度为 $16℃$ 左右，而流行适温为 $20℃ \sim 24℃$，相对湿度在 85% 以上。露地栽培时，旬平均降雨量在 40 毫米以上，尤其伴有连阴雨时更易流行。所以说该病的蔓延速度很快，有人将其称为"跑马干"，一旦有了中心病株，只需 3 ～ 4 次的扩大再侵染，总共不过十余次，即可酿成大灾。因此防治的关键是尽早发现中心病株或病区。

【防治方法】

1. 农业防治　　选用抗病品种。黄瓜品种对霜霉病的抗性差异大，要选较抗病的品种，如津杂 1 号、津杂 2 号、津杂 3 号、津研 4 号、津研 6 号、津研 7 号、夏丰 1 号、早丰 1 号、中农 5 号、碧春等。密刺类型黄瓜通常不抗病，但早熟、丰产，生产上仍有很多人喜欢用这类品种。

选用健壮无病幼苗。育苗地与生产地隔离，定植时严格淘汰病苗。

露地栽培时，要选择地势较高，排水良好的地块种植。

科学施肥。施足基肥，生长期不要过多地追施氮肥，以提高植株的抗病性。植株发病常与其体内碳氮比失调有关。加强叶片营养，可提高抗病力。按尿素：葡萄糖（或白糖）：水 = 0.5 ~ 1 : 1 : 100 的比例配制溶液，3 ~ 5 天喷 1 次，连喷 4 次，防效达 90% 左右。生长后期，可向叶面喷施 0.1% 尿素加 0.3% 磷酸二氢钾，还可喷洒喷施宝，提高抗病力。开花初期，每 667 米^{2}用增产菌 5 克，幼果期后用 10 克，加适量的水混匀喷雾，可增加植株抗病性。

草木灰水杀菌。草木灰 1 千克，加水 14 升，浸泡 24 小时。取浸出液喷洒叶片，可使叶片吸收大量钾离子，对植株有刺激作用，可加速根系对氮、磷等物质的吸收，并促进各种养分在植株体内的运转和利用。同时，黄瓜茎叶角质层明显增厚，刺毛变硬，增强了植株本身的保护机能。

2. 生态防治　　霜霉病是黄瓜的毁灭性病害，但目前的防治技术足以控制病情发展，有的菜农缺乏必要的防治知识，采用"不论是否有病，每 3 天喷 1 次药"的方法防治，虽然防病效果较好，但浪费药液，污染黄瓜，不足为训。为便于防治，应熟记黄瓜霜霉病的症状及防治要点："温润阴湿露水重，老叶定生霜霉病。叶面斑黄棱角清，背生黑毛是特征。中心病株一出现，精细喷药最重要。良种良法一齐上，肥水配合秧苗壮。老叶病叶早摘除，适时收获不早衰。墒大清晨小水灌，叶不结露病自消。"

（1）改革耕作方法　改善生态环境，实行地膜覆盖，减少土壤水分蒸发，降低空气湿度，并提高地温（图1-115）。进行膜下暗灌，在晴天上午浇水，严禁阴雨天浇水，防止湿度过大，叶片结露。浇水后及时排除湿气，特别是上午灌水后，立即关闭棚室通风口，使其内温度上升到33℃，持续1.0～1.5小时，然后放风排湿。待温度低于25℃，再闭棚升温，至33℃时，持续1小时，再放风。以此降低空气湿度，防止夜间叶面结露。另外，保温性不好的日光温室，在低温季节，尤其是早晨或傍晚，温室内容易出现迷雾现象，加速病菌传播，容易导致霜霉病流行，可以通过提高温室保温性并选用能够消雾的无滴膜的方式加以解决（图1-116）。

图1-115　地膜覆盖可以减少土壤水分蒸发

图1-116　迷雾现象容易导致病害蔓延

（2）变温管理　将苗床或栽培设施的温湿度控制在适宜黄瓜生长，而不利于病害发生的范围内，尽量躲开15℃～24℃的温度范围。上午将棚室温度控制在28℃～32℃，最高35℃，空气相对湿度60%～70%。具体方法是日出后充分利用早晨阳光，闭棚增温，温度超过28℃时，开始通风，超过32℃时加大通风量。下午使温度降至20℃～25℃，湿度降到60%，这时的温度虽适合病菌萌发，但湿度低，可抑制病菌的萌发和侵入。在预计夜间温度不低于14℃时，傍晚可通风1～3小时。棚室内夜温低于12℃时，叶面易结露水，为防止这种现象，日落前适当提早关闭通风口，同时可利用晴天夜间棚室内外气流逆转现象，拂晓将温度降至最低，湿度达到饱和时放风。

（3）高温闷棚　病情发展到难以用药剂控制时，可采用高温闷棚的方法杀灭病菌，高温闷棚虽然可一次性地将病菌杀死，但危险性大，对技术要求高，并且经闷棚之后，病菌虽然被杀死，但所有未坐住的小瓜和雌花，也将脱落，7～10天内不能正常结瓜，从而造成较大的经济损失，植株的营养消耗也很大，会影响植株长势。因此一般不提倡高温闷棚。高温闷棚的方法是，选晴天早上先喷药，而后浇大水，同时关闭所有通风口，使室内温度升高到42℃～48℃，持续2小时。闭棚时将温度计挂于棚内靠南四分之一处，高度与黄瓜顶稍相近。每10分钟观察一次温度，由棚温上升到42℃开始计时，2小时后，适当通风，使温度缓慢下降，逐步恢复正常温度，如还不能控制病害，第二天再进行一次，病害即可完全控制住。闷棚时，温度不可低于42℃，最高不可高于48℃，低了效果不明显，高了黄瓜易受伤害。闭棚时要注意观察，生长点以下3～4叶上卷，生长点斜向一侧，是正常现象。切勿使龙头打弯下垂，引起灼伤。如温度不能迅速达到42℃，可棚内洒水，并加明火，促进增温。持续2小时后，放风不可过急，放风口过大时，温度骤然下降，会使叶片边缘卷曲变干，影响叶片的同化功能。如在观察时发现顶梢小叶片开始抱团，表明温度过高，应小放风，如顶梢弯曲下垂，时间长了会使顶梢被灼伤，一经放风即会干枯死亡。经高温闷棚后，黄瓜生长受到抑制，要立即追肥，补充营养，可追施速效肥，并向叶面喷施尿素：糖：水＝1:1:100的糖氮素溶液，或800倍液蔬菜灵，或0.2%的磷酸二氢钾，促使尽快恢复正常生长。高温闷棚后，可以从病斑及霉层上判断闷棚的效果，病斑呈黄褐色边缘整齐，干枯，周围叶肉鲜绿色，说明效果很好；如病斑周围仍呈黄绿色，叶背面有霉层，则效果不好，还会继续发病。

3. 药剂防治 黄瓜霜霉病发展极快，药剂防治必须及时。一旦发现中心病株或病区后，应及时摘掉病叶，迅速在其周围进行化学保护。一般每4～7天要喷药1次，至于两次喷药间隔时间的长短，应按当时结露情况而定。露重时，间隔期要短。因为霜霉病主要靠气流传播，且只从气孔入侵，幼叶在气孔发育完全之前是不感病的。喷药须细致，叶面、叶背都要喷到，特别是较大的叶面更要多喷。露地栽培雨后及时排水，合理施肥，及时整蔓，保持通风透光。

发病初期选用50%烯酰吗啉可湿性粉剂（安克）500倍液，10%氰霜唑悬乳剂1 500倍液，52.5%恶唑菌酮·霜脲水分散粒剂2 500倍液，6.25%恶唑菌酮可湿性粉剂1 000倍液，72%霜脲·锰锌（克露）可湿性粉剂800倍液，58%甲霜灵·锰锌（瑞毒霉·锰锌）可湿性粉剂600倍液，69%烯酰·锰锌（安克·锰锌，成分：烯酰吗啉＋代森锰锌）可湿性粉剂600～800倍液，50%嘧菌酯（阿米西达）水分散粒剂2 000倍液，70%乙磷·锰锌500倍液，72.2%普力克（霜霉威）水剂800倍液，50%福美双（秋兰姆、赛欧散）可湿性粉剂500倍液，75%百菌清（四氯间苯二腈可湿性粉剂 700 倍液，25% 甲霜灵（瑞毒霉、雷多米尔、灭霜灵、甲霜安）可湿性粉剂 600 倍液，20% 苯霜灵乳油 300 倍液，50% 甲霜铜（瑞毒铜）可湿性粉剂 600～700 倍液，40% 三乙膦酸铝（疫霉灵、乙膦铝、抑霉灵、双向灵、疫霜灵）可湿性粉剂 200～250 倍液，64% 杀毒矾（恶霜·锰锌，含恶霜灵 8%、代森锰锌 56%，为保护性内吸杀菌剂）可湿性粉剂 400 倍液，70% 甲霜铝铜可湿性粉剂 800 倍液，50% 敌菌灵（B－622）可湿性粉剂 500 倍液，72% 霜脲·锰锌（克露）可湿性粉剂 750 倍液等药剂喷雾，每 7 天 1 次，连续防治 2～3 次。

可选用的用药配方有：12.5% 烯唑醇（特灭唑、禾果利、速保利、施力脱）粉剂 2 000 倍液 +50% 锰锌·烯酰（霉克特）可湿性粉剂 800 倍液 +2% 春雷霉素（加收米）水剂 500 倍液；12.5% 烯唑醇粉剂 2 000 倍液 +53% 金雷多米尔 600 倍液 +3% 中生菌素可溶性粉剂 1 000 倍液；70% 甲基硫菌灵可湿性粉剂 800 倍液 +50% 烯酰吗啉可湿性粉剂 3 000 倍液 +88% 水合霉素（盐酸土霉素）可溶性粉剂 500 倍液。每 7～10 天 1 次，连续防治 2～3 次。

霜霉病、细菌性角斑病、细菌性缘枯病、细菌性叶斑病混合发生时，为兼治 4 病，可喷撒酯酮粉尘剂，每 667 米² 用 1 千克，或 60% 琥·乙膦铝（DTM）可湿性粉剂 500 倍液，或 50% 琥胶肥酸铜（DT）可湿性粉剂 500 倍液加 25% 甲霜灵可湿性粉剂 800 倍液，或用 100 万单位硫酸链霉素配成 150 毫克／升的溶液加 40% 三乙膦酸铝可湿性粉剂 250 倍液防治。

熏烟也是目前防治霜霉病的有效方法，保护地内黄瓜上架后，植株比较高大，喷药较费工，特别是遇阴雨天，霜霉病已经发生，喷雾防治会提高保护地内的空气湿度，防效较差，此时最适宜熏烟。每 200 米³ 温室容积可用 45% 百菌清烟剂 300～330 克，或 10% 百菌清烟剂 900 克，或 75% 百菌清粉剂加酒精 130～200 克，傍晚闭棚后熏烟。其方法是，将药分成若干份，均匀分布在设施内。烟雾剂用暗火点，烟炷引信用明火点或暗火点，百菌清粉加酒精用明火点燃，次日早晨通风。一般 7 ～ 14 天熏 1 次，共 3 ～ 6 次。百菌清烟剂对霜霉病、白粉病、灰霉病均有效。

（十一）炭 疽 病

【症　状】黄瓜苗期、成株期均会发病，该病主要侵染叶片、果实和茎，症状容易与疫病、黑星病混淆，诊断时要注意区分。

1. 幼苗　种子出土即可染病，子叶边缘出现褐色半圆形或在子叶中部出现圆形病斑。幼苗稍大，真叶染病，下部叶片出现黄褐色圆形病斑，病斑连片，叶片干枯（图 1-117、图 1-118）。有时，茎基部受害，患部缢缩，变色，幼苗猝倒。

图 1-117　幼苗子叶上的圆形病斑

图 1-118　嫁接后接穗黄瓜子叶染病状态

2. 叶片　一类病斑为浅褐色大斑，为炭疽病典型症状。叶片受害，初期出现水浸状浅黄色小斑点，稀疏分布，病斑的病健部分界不明显（图1-119）。之后，病斑逐渐扩大，形成直径0.3～0.5厘米的浅黄色至浅褐色病斑，圆形或接近圆形。很多时候，这种密集分布的小型病斑不再向大扩展，而是逐渐连片（图1-120）。

图1-119　发病初期症状

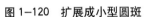
图1-120　扩展成小型圆斑

在温室较高湿度下，叶面上稀疏分布的小型圆斑逐渐扩大，形成淡褐色圆斑，直径接近1厘米，病斑颜色均匀，病斑外缘颜色略深，但有时并不明显，这是最常见、最典型的炭疽病叶片症状（图1-121）。病斑之外周围有时有黄色晕圈。叶片背面对应病斑形状与叶面相似，但颜色更浅（图1-122）。

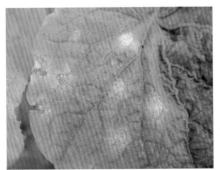

图1-121　典型的圆形
浅褐色中型病斑

76

图 1-122　叶片背面症状

发病后期，在较干燥条件下，病斑颜色加深，病斑中央叶肉容易破裂并穿孔（图 1-123）。病斑较多时，往往互相汇合成不规则的大斑块（图 1-124）。

图 1-123　后期病斑穿孔

图 1-124　病斑相互融合

3. 果实　嫩瓜不易感病，病害多发生在大瓜或种瓜上。果实长大后发病，表面形成淡绿色圆形凹陷病斑，病斑近圆形。单个果实上病斑多少不一，有些只有 1 ～ 3 个大斑，有些则有多个，密集排列，逐渐融合连片。病斑中部颜色深，长有黑色小点，后期在病斑表面产生粉红色黏稠物（图 1-125）。在干燥情况下，病斑上的小黑点十分明显，且呈同心圆状排列（图 1-126）。在少数情况下，也有类似黑星病的症状，病斑凹陷，不规则形，病健部分界不明显，褐色，凹陷，病斑处逐渐干裂并露出果肉，遇有这种病斑，建议进行病原鉴定。

图 1-125　密集分布的圆形凹陷斑

图 1-126　病斑上同心圆状排列的小黑点

4. 茎　茎部受害，在节处产生不规则病斑，初呈水浸状，略凹陷，淡黄色，以后变成深褐色，湿度高湿出现霉层，有时流胶（图 1-127）。严重时病斑环茎一周，病斑以上部分即枯死，茎开裂，茎从病部折断（图 1-128）。

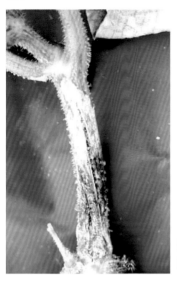

图 1-127　茎节部位发病

图 1-128　病斑绕
茎一周开裂流胶

【病　原】本病属葫芦科刺盘孢 [*Colletrichum lagenarium*
(Pass.) Ell.et Halst] 侵染所致，病菌属半知菌亚门刺盘孢属真
菌，原称葫芦科刺盘孢（*C. lagenarium*）；有性世代属子囊菌亚
门 [*Glomerella lagenaria* (Pass.) Watanable et Tamura]，但在
自然情况下很少出现。

在寄主表皮下产生分生孢子盘，成熟后突破寄主表皮外露。分生
孢子盘上着生一些暗褐色的刚毛，长 90 ~ 120 微米，有 2 ~ 3 个横隔。
分生孢子梗无色，单胞，圆筒状，大小 20 ~ 25 微米 ×2.5 ~ 3.0 微
米。分生孢子单胞，无色，长圆或卵圆形，一端稍尖，大小 14 ~ 20
微米 ×5.0 ~ 6.0 微米，多数聚结成堆后呈粉红色。孢子萌发的适温
为 22℃ ~ 27℃，4℃以下不能萌发。病菌生长适温为 24℃，30℃以上
10℃以下即停止生长。孢子萌发除湿度外，还需要有充足的氧气。

【发病规律】　黄瓜炭疽病病菌以菌丝体和拟菌核（未发育成
的分生孢子盘）随病残体遗落在土壤中越冬，菌丝体也可潜伏在
种皮黏膜上越冬。此外，病菌还能在温室、塑料大棚内的旧木料

上营一定时期的腐生生活，保持其生活力。

翌年春季环境条件适宜时，越冬后的菌丝体和拟菌核产生大量分生孢子，成为初侵染源。通过种子调运可造成病害的远距离传播，未经消毒的种子播种后，潜伏在种子上的菌丝体可直接侵染子叶，引发病害。

寄主发病后，病部产生分生孢子，借助雨水、灌溉水、农事活动和昆虫进行传播。分生孢子在适宜的条件下，萌发产生附着器和侵入丝侵入寄主，并在当年形成的病斑上产生分生孢子盘及分生孢子，进行再次侵染。摘瓜时瓜果表面常带有大量的分生孢子，在贮藏运输中病菌也能侵入发病。

湿度是诱发本病的主要因素，在适宜温度下相对湿度为87%～95%时潜育期只有3天，湿度越低潜育期越长，湿度降至54%以下，病害就不能发生。温度的影响不如湿度大，分生孢子萌发适温22℃～27℃，病菌生长适温24℃，8℃以下，30℃以上停止生长。发病最适温为24℃，潜育期3天。湿度在97%以上、温度在24℃左右，发病最盛，温度高于28℃时发病很轻。总之，低温、高湿适合本病的发生，温度高于30℃，相对湿度低于60%，病势发展缓慢。气温在22℃～24℃，相对湿度95%以上，叶面有露珠时易发病。偏施氮肥，保护地内光照不足，通风排湿不及时，排水不良，植株衰弱或连作地，发病均较重。瓜果的抗病性，随着果实的成熟度而降低，所以贮藏运输期间发病也很重。

【防治方法】

1. 农业防治　选用抗病品种。津研系列品种、津杂1号、津杂2号、中农1101、中农5号、夏丰1号、夏丰2号等比较抗炭疽病。种子处理，用50℃温水浸种20分钟。

选择排水良好的沙壤土种植，避免在低洼、排水不良的地块栽培。重病地应与非瓜类作物进行 3 年以上的轮作。实行高畦覆膜栽培，控制氮肥用量，增施磷钾肥，喷施各种叶面肥，提高植株抗病性。随时清除栽培地的病株残体，减少菌源。要在无露水时进行农事操作，不可碰伤植株，雨后及时排水。收获后及时清除病蔓、病叶和病果。

2. 生态防治　保护地栽培黄瓜，上午温度控制在 30℃ ~ 33℃，下午和晚上适当通风，把湿度降至 70% 以下，可抑制病害发生。

3. 药剂防治　播前进行温汤浸种或用 50% 多菌灵可湿性粉剂 500 倍液浸种 1 小时，用清水洗净后催芽播种。或用冰醋酸 100 倍液浸种 30 分钟，用清水冲净后催芽。

发病初期及时摘除病叶，喷药保护，可选用 50% 咪鲜胺锰络合物可湿性粉剂 1 000 倍液，10% 恶醚唑水分散颗粒剂 800 倍液，30% 苯醚唑·丙环唑乳油 3 000 倍液，68.75% 恶唑菌酮·锰锌水分散粒剂 1 000 倍液，65% 多氧霉素（多克菌、多氧清、宝丽安、多克菌、多效霉素、保利霉素、科生霉素）可湿性粉剂 700 倍液，25% 咪鲜胺（施保克、扑霉灵、丙氯灵、施保功、万冠、使百克）乳油 1 500 倍液，10% 苯醚甲环唑（世高）可湿性粉剂 1 500 倍液，60% 吡唑醚菌酯（百泰）水分散粒剂 500 倍液，50% 醚菌酯（翠贝、品劲）干悬浮剂 3 000 倍液，25% 嘧菌酯（阿米西达）悬浮剂 500 倍液，30% 苯甲·丙环唑（爱苗，成分：15% 苯醚甲环唑 +15% 丙环唑）乳油 3 000 倍液，80% 炭疽福美可湿性粉剂（成分：30% 福美双 + 50% 福美锌）600 倍液等药剂，每 5 ~ 7 天喷药 1 次，连续喷药 2 ~ 3 次。

还可用 45% 百菌清烟剂熏烟，每 667 米^2 250 克，7 ~ 10 天熏 1 次。或用 5% 百菌清粉尘剂或 10% 克霉灵粉尘剂喷粉，每 667 米^2 1 千克，7 ~ 10 天喷 1 次。

（十二）疫　病

【症　状】　黄瓜疫病发展快，条件适宜时常令人感到猝不及防。成株及幼苗均可染病，能侵染叶片、茎蔓、果实等。

1. 叶片　由于环境不同，叶片的症状也有差别，并不是仅有一种表现。

（1）不规则斑　这是一种非典型疫病症状，发病初期叶面出现褪绿斑，形状不规则，边界不明显，叶肉变为浅绿色，并逐渐增多，但最终并不是每个斑都发展为导致叶肉坏死的病斑，此时，是防治的最佳时机（图1-129、图1-130）。进而，褪绿斑扩大、变黄，叶肉逐渐坏死，呈枯绿色（图1-131、图1-132）。空气稍干燥时，病斑呈偏黄色，进而呈褐色，最终呈现暗褐色，病斑大，形状不规则（图1-133、图1-134）。

图1-129　叶面出现褪绿斑

图1-130　褪绿斑增多

图 1-131　病斑扩展变黄

图 1-132　病斑呈枯绿色

图 1-133　病斑偏黄

图 1-134　病斑大而干枯

（2）圆形大斑　染病叶片产生圆形或不规则形水浸状大病斑，边缘不明显，扩展快，干燥时呈灰绿色或青白色（图1-135）。湿润环境下病斑相对来讲更大些，边界更不明显，发展也很快（图1-136）。这种圆形病斑与靶斑病的某种症状十分相似，很容易

混淆，一般来讲，疫病的病斑在后期要大于靶斑病，而且疫病病部叶肉通常会明显变薄，容易穿孔。

图1-135　露地干燥环境下叶片病斑

图1-136　设施高湿环境下病斑大边界不明显

（3）叶柄缢缩叶片下垂　叶片上的病斑扩展到叶柄时，会导致叶柄在接近叶片的位置变软、缢缩，导致叶片下垂，这是疫病的一个典型的标志性症状（图1-137、图1-138）。

图1-137　低温期的病叶导致叶片下垂

图 1-138 叶柄明显缢缩

2．茎 成株染病，多在茎基部，有时也在茎其他部位。初期在茎基部或一侧出现水浸状病斑，很快病部缢缩，缢缩是标志性症状，缢缩会使输导功能减弱直至丧失，导致病部以上部分迅速萎蔫，呈青枯状（图 1-139）。茎节处染病，形成褪绿色不规则病斑，湿度大时迅速发展包围整个茎，病部呈青灰色，有时有白霉，病部缢缩，病部以上萎蔫。湿润环境下，病部呈湿腐状（图 1-140）。剖视茎内部，可见组织逐渐变黄坏死。在田间干旱条件下呈慢性发病症状，并且可以造成其他病菌的复合侵染，浇水后病情加重，植株很快死亡。

图 1-139 病斑缢缩

图 1-140 病部湿腐

3. 果实　瓜条染病，多在花蒂部先发病，初期形成暗绿色至黑褐色湿润状病斑，略凹陷，湿度大时，病部产生灰白色稀疏菌丝，若几个病斑相连可使瓜变软腐烂，并有腥臭味（图1-141）。进而，在温湿度条件适宜的情况下，病部会覆盖白色粉状霉层，初期霉层并不厚（图1-142）。随病菌迅速繁殖，霉层加厚，呈绒状，

病部也继续凹陷、绺缩。最后病斑融合，湿腐部分果实收缩，最后仅剩余半条瓜。

图1-141　病部湿腐凹陷

图1-142　病部长出粉状霉层

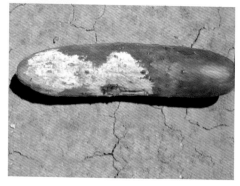

4. 幼苗　黄瓜幼苗叶片症状。幼苗出土前染病可造成烂种、烂芽。出苗后，子叶发病时，从叶缘开始，出现褪绿斑，不规则状，灰绿色，边界不明显，从叶缘向内扩展，最后干枯，湿度大时很快腐烂（图1-143）。真叶染病，也是多始于叶缘或嫩尖，发病初期叶片上出现类似热水烫伤的暗绿色不定形病斑，向内逐渐扩展，病部很快呈暗黑褐色变软，导致叶片干枯（图1-144）。

图 1-143　子叶边缘出现褪绿斑

图 1-144　真叶干枯

　　幼苗茎基部症状。在育苗期间或刚刚定植后发病时，茎基部缢缩，幼苗倒伏，常被误诊为枯萎病或猝倒病（图 1-145）。但仔细观察，茎表面病部颜色正常，茎内部维管束不变色，根系颜色正常，叶片无症状，唯一明显症状是茎基部缢缩（图 1-146）。

图 1-145　幼苗倒伏

图1-146　幼苗茎基部缢缩

【病　原】　*Phytophthora melonis* Kalsura　，异名：P. *drechsleri* Tucker.，*Pseudoperonospora cubensis* Berk.et curt.，称为甜瓜疫霉，属于鞭毛菌亚门疫霉属真菌。有学者持不同观点，认为*Phytophthora capsici* 等其他疫霉属真菌引发的病害，均应称为疫病，而不是仅仅*Phytophthora melonis* 引发的才叫疫病。

孢囊梗直接从菌丝或球状体上长出。孢囊梗简单，与菌丝无明显分化，宽1.5～3.0微米，长的可达100微米。孢子囊无色或淡黄色，表面较平滑，卵圆形或广卵圆形，孢子囊下部圆形，乳突不明显，孢子囊其大小差异很大，在V8培养基上，大小43～69微米×19～36微米，有时也可看到少量孢子囊的乳突较高，可达4微米。病瓜上产生的孢子囊较大，约为69.5～89.2微米×28.6～42.8微米，顶部突出扁平，高约2微米。新的孢子囊自前一个孢子囊中伸出，萌发时产生游动孢子，自孢子囊的乳突逸出。藏卵器近球形，直径18～31微米，无色，雄器围生。卵孢子球形，淡黄色，表面光滑，16～28微米。此外病菌还可产生淡黄色近球形的厚壁孢子。

【发病规律】　病菌主要以菌丝体、卵孢子及厚垣孢子随病残体在土壤或或未腐熟的肥料中越冬，翌年菌丝或卵孢子遇水产生孢子囊和游动孢子，游动孢子通过气流、雨水、灌溉水及土壤耕作等传播，种子带菌是病害远距离传播的主要途径。游动孢子萌发芽管，产生附着器和侵入丝穿透表皮进入寄主体内，遇高温高湿条件 2～3 天出现病斑，其上产生大量孢子囊，借风雨或灌溉水传播蔓延，进行多次重复侵染。卵孢子和厚垣孢子在高湿条件下产生游动孢子从表皮直接侵入，病部产生孢子囊进行多次再侵染。

病菌以两种方式产生孢子囊：一是从气孔抽出较短的菌丝状孢子囊梗，顶端形成孢子囊。二是由气孔抽出菌丝，菌丝分枝，在分枝上长出菌丝状孢子囊梗，顶端形成孢子囊，48、72、96 小时后平均每平方厘米叶片两面产生孢子囊数量分别为 24.2、95.3、254.8 个，接菌后孢子囊释放出游动孢子在叶面上静止 2 小时后萌发或孢子囊直接萌发长出芽管，开始从气孔周围细胞间隙侵入，菌丝在叶片细胞间和细胞内扩散，也有从气孔伸出菌丝，再从气孔侵入或在叶面上扩展蔓延，经几天潜育即显症。

发病适温为 28℃～30℃，最高 37℃，最低 9℃。土壤水分是影响此病流行程度的重要因素。露地栽培时，在温度高、雨季来临早、降雨时间长、雨量大、雨日多的年份疫病容易流行，危害严重。此外，地势低洼、排水不良、与瓜类作物连作、采用平畦栽培易发病，长期大水漫灌、浇水次数多、水量大等易发病。设施栽培时，春夏之交，打开温室前部放风口后，容易迅速发病。

【防治方法】

1. 农业防治　选用抗病品种，如津春 3 号、津杂 3 号、津杂 4 号、中农 1101、龙杂黄 5 号、早丰 2 号等。河北科技师范学院闫立英教授培育了一种浅绿色果皮的温室专用黄瓜品种——绿岛 1 号，抗病效果也很好。

避免瓜类连作或邻作，老菜区与水稻轮作 1 年以上可以减少土壤和沟水中的菌源。

选用白籽南瓜、黄籽南瓜作砧木，进行嫁接育苗。

采用高畦栽培，覆盖地膜，减少病菌对植株的侵染机会，这条措施非常重要。种植前清除病残体，翻晒土壤，施足有机基肥，畦高 30～35 厘米以上，整平畦面，使雨后排水畅顺。

加强田间管理。苗期适当控水促根系发育，成株期小水勤灌保持土壤湿润，结瓜采收期要有充足的肥水供应，适当增施磷钾肥。勤除畦面杂草，及时整枝绑蔓以利通风降湿。避免大水漫灌，避免土壤和空气的湿度过高。露地栽培时，雨季要及时排出田间积水，发现中心病株后及时拔除，病穴撒施少量石灰，防止菌源扩散。

2. 药剂防治　种子和土壤消毒，种子消毒的有效方法是用 25% 甲霜灵可湿性粉剂 800 倍液浸种 30 分钟，而后催芽、播种。

苗床或棚室土壤消毒的方法是，每平方米苗床用 25% 甲霜灵可湿性粉剂 8 克与土拌匀撒在苗床上，保护地栽培时于定植前用 25% 甲霜灵可湿性粉剂 750 倍液喷淋地面。

露地喷雾并淋灌茎基部，防治露地黄瓜疫病的关键是从雨季到来前一周开始喷药，每 7 天 1 次，连喷 3 次。保护地用烟熏法或粉尘法，疫病用药与霜霉病类似，可选用 52.5% 恶唑菌酮·霜脲水分散粒剂 2 500 倍液，6.25% 恶唑菌酮可湿性粉剂 1 000 倍液，58% 甲霜灵·锰锌可湿性粉剂 600 倍液，64% 恶霜·锰锌可湿性粉剂 500 倍液，69% 烯酰吗啉可湿性粉剂 500 倍液，10% 氰霜唑（科佳）悬乳剂 1 500 倍液，72% 锰锌·霜脲可湿性粉剂 600 倍液，70% 锰锌·乙铝可湿性粉剂 500 倍液，25% 烯肟菌酯乳油 1 000 倍液，69% 锰锌·烯酰（安克锰锌、霉克特）可湿性粉剂 600 倍液，55% 福·烯酰（霜尽）可湿性粉剂 700 倍液，50% 烯酰吗啉可湿性粉剂（安克）800 倍液，72% 锰锌·霜脲（克露、克抗灵、锌锰克绝、霜霉疫清）可湿性粉剂 600 倍液，50% 嘧菌酯（阿米西达）水分散粒剂 2 000 倍液等。每 5～7 天 1 次，视病情连续防治 2～3 次。

茎基部发病时，可选用 25％甲霜灵可湿性粉剂 800 倍液，64％杀毒矾可湿性粉剂 800 倍液，58％甲霜灵锰锌可湿性粉剂 800 倍液，40％增效瑞毒霉可湿性粉剂 500 倍液，55％多效瑞毒霉可湿性粉剂 500 倍液灌根，5 ～ 7 天 1 次，连灌 3 次，每株灌药液 250 ～ 500 克。

二、原核生物类

（一）细菌性白枯病

【症　状】　此病别名细菌性流胶病，已成为辽宁、山东、黑龙江等省黄瓜生产上危害较为严重的细菌病害，主要危害果实，引起果实流胶，其次危害叶片和茎。发病率一般为 10％～ 20％，严重地块达 40％以上。

1．果实　标志性症状是流胶。发病初期，果实表面出现圆形黄色斑点，直径 5 毫米左右（图 1-147）。病斑边缘不明显，逐渐扩大、增多。病斑处逐渐流出乳白色半透明胶状物，呈水滴状，有时果实表面开裂，胶状物增多。随着胶状物水分蒸发，颜色加深，逐渐变为浅乳黄色（图 1-148）。有时流胶出现在果实顶部，容易引发果实软腐，在低温季节，腐烂部分容易感染灰霉病菌，同时发生灰霉病。

图 1-147　初期黄色病斑

图 1-148　后期形成的乳黄色胶状物

　　2.叶片　发病初期,叶片正面、背面出现水渍状黄色褪绿小斑点,以后逐渐扩大,呈圆形或近圆形,病斑多在叶缘位置或靠近叶缘(图1-149)。之后,病斑逐渐增多,病健部分界不明显,发病快时病斑迅速连片。随病情发展,病斑处叶肉湿腐,叶绿素分解,变为灰白色或白色,病斑近圆形,白色膜质,四周具淡黄色晕圈,连片后呈不规则性,病部见不到菌脓。通常,叶缘位置的病斑多而密集,质地薄,有透明感(图1-150)。叶片背面病斑呈现水浸状,常见有白色菌脓流出(图1-151)。发病后期,病斑连片,呈白色枯死状,之后病部破碎穿孔(图1-152)。

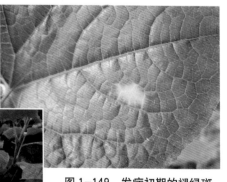

图 1-149　发病初期的褪绿斑

图 1-150　病　斑

图1-151　叶背症状

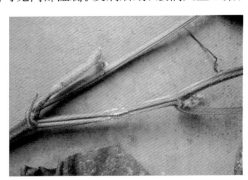

图1-152　发病后期病叶

3.茎　茎上流胶也是本病的主要特征，且会直接导致植株萎蔫、死亡。初期，茎上出现暗绿色病斑，逐渐变黄并向上下扩展，病斑可能位于节的位置，也可能在节间，部分还会导致茎纵向开裂。之后，逐渐有少量乳白色胶液渗出（图1-153）。随胶液渗出量增多，逐渐汇集成较浓的乳白色胶滴，挂在茎上。此时，茎表面变为淡黄色，剖开后可见内部湿腐。发病后期，胶滴大量汇集，其中的水分蒸发，乳白色并略偏褐色，此时输导组织已基本被破坏（图1-154）。

图1-153　茎上渗出胶状物

图 1-154　发病后期节部胶滴

　　【病　原】 *Pseudomonas viridiflava* （Burkholder）Dowson，称作绿黄假单胞菌，属细菌。可侵染西瓜、番茄、茄子等寄主植物。菌株在 NA 平板培养基上，培养后菌落总体表现一致，乳白色，表面稍突起，光滑，有光泽，边缘平滑，质地为黏胶质状，可产生水溶性绿色色素。

　　黄瓜细菌性白枯病菌除能侵染黄瓜外，还可侵染生菜、茼蒿、甘蓝、甘蓝型油菜、油菜、萝卜、香瓜、西瓜、西葫芦、南瓜、丝瓜、苦瓜、菠菜、豌豆、豇豆、菜豆、大豆、茄子、番茄、辣椒、芫荽、玉米、葱、薤菜等 24 种植物，说明该病菌寄主范围广泛，对多种植物有潜在的致病力。

　　透射电镜观察结果表明，黄瓜细菌性白枯病菌体杆状，鞭毛极生 1 ～ 2 根，菌体大小为 1.1 ～ 5.2 微米 ×0.7 ～ 2.1 微米；假单胞杆菌的黄瓜细菌性角斑病菌菌体短杆状，鞭毛极生 1 ～ 5 根，菌体大小为 1.39 ～ 2.2 微米 ×0.7 ～ 1.1 微米；黄单胞菌的甘蓝黑腐病菌菌体杆状，鞭毛极生 1 根，菌体大小为 0.8 ～ 2.9 微米 ×0.4 ～ 0.6 微米。可见，黄瓜细菌性白枯病菌与黄瓜细菌性角斑病菌（*P. syringae* pv. *Cachrymans*）的细菌形态相似。

　　引发细菌性角斑病的细菌丁香假单胞杆菌黄瓜角斑病致病型（*Pseudononas syringae* pv. *lachrymans*），以及引发细菌性缘枯病的细菌边缘假单胞菌边缘假单胞致病型（*Pseudomonas marginalis* pv．*marginalis*）等也会引发果实流胶现象。

【发病规律】　病原菌主要潜伏在带菌的种子中，借助种子传播。也可在土壤中的病残体上越冬传播。病菌可以通过如嫁接、整枝等田间操作传播，但主要借助雨水或灌溉水传播。

此病主要在冬季或早春温室中发生，高湿环境有利于发病。有些塑料大棚或日光温室所覆盖的塑料薄膜滴水严重，或土壤水分充足，往往发病严重。

【防治方法】

1. 种子消毒　杀灭种子上附着的病菌，可采用温汤浸种方法，用 55℃ 热水消毒 10 分钟，基本能将种子上的细菌杀死，温汤浸种是一种比较安全的消毒种子的方法。也可以用药剂消毒，先将种子用清水浸泡 3 小时，再放入硫酸铜 100 倍液或 0.1% 的高锰酸钾浸泡 20 分钟，处理后需用清水冲洗干净，然后催芽、播种。

2. 生态防治　及时通风排湿，降低空气湿度。缩短每天叶面水膜的存在时间。日光温室顶部安装拔风筒，通过拔风筒排湿。

3. 农业防治　建立无病留种田，选用无病种子。进行整枝、摘瓜等田间操作时要先处理健康植株，后处理发病植株，避免人为传播病菌。采用覆盖地膜栽培，实行地膜下浇水，防止水滴溅射。

4. 药剂防治　此病较难防治，喷药的同时必须结合生态防治方法，降低空气湿度，才能奏效。在发病初期选择喷洒下列药剂：2% 春雷霉素水剂 500 倍喷，20% 二氯异氰尿酸钠（优氯特、优氯克霉灵）可溶性粉剂 300 ～ 400 倍液，42% 三氯异氰尿酸（强氯精）可溶性粉剂 3 000 ～ 4 000 倍液，50% 氯溴异氰尿酸可溶性粉剂 1 200 倍液，20% 乙酸铜（醋酸铜）水分散粒剂 800 倍液，5% 混合氨基酸铜锌·镁水剂 300 倍液，20% 噻唑锌悬浮剂 400 倍液，47% 春雷氧氯铜（加瑞农）可湿性粉剂 800 ～ 1 000 倍液，52.8%

氢氧化铜（可杀得、冠菌清、丰护安、可杀得 2 000、冠菌铜、冠菌清、瑞扑 2 000）干悬浮剂 2 000 倍液，隔 7 ～ 10 天 1 次，连续防治 2 ～ 3 次。使用其中一种药剂，交替用药，必要时进行药剂混配。

（二）细菌性角斑病

【症 状】 主要危害叶片，也可危害果实和茎蔓。苗期至成株期均可发病。

1. 叶片 诊断特征是病斑小，受叶脉限制呈现多角形，叶背对应位置有白色菌脓。主要为小型角斑，受环境因素影响，也有其他类型。

小型角斑。染病后，先出现针尖大小的淡绿色水浸状斑点，渐呈黄褐色、淡褐色、褐色、灰白色、白色（图 1-155）。病斑逐渐扩大，展度约 2 ～ 3 毫米，由于受到叶脉对病斑扩展的限制，使病斑呈现多角形，在叶面均匀分布（图 1-156）。随病情发展，病斑布满整个叶面，在较干燥的环境中，病斑失水迅速，小而密集，呈现枯白色（图 1-157）。在湿度较高的环境下，病部叶绿素迅速分解，病斑呈现像湿润的白纸一样的质感，对光观察，叶片有透光感，极易破碎穿孔（图 1-158）。

图 1-155 发病初期病害

图 1-156 多角形病斑

图 1–157　密集的病斑

图 1–158　病斑破碎穿孔

　　叶片背面在发病初期呈现水渍状，病斑部位的叶肉充水变为深绿色。注意不要与生理性充水相混淆，生理性充水的叶背出现多角形水浸斑，主要发生在地温高、气温低，特别是连阴天、空气湿度大、通风不良、蒸腾受阻时，细胞内的水分渗透到细胞间，使叶面出现水渍状污绿色多角形斑块，太阳出来后温度升高，斑块消失，叶面不留痕迹。细菌性角斑病的水渍斑不会消失（图 1–159）。潮湿时叶背病斑处有乳白色菌脓，即细菌液，干燥时呈白色薄膜状或白色粉末状（图 1–160）。

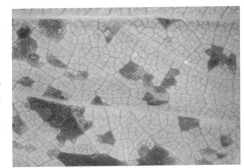

图 1–159　发病初期叶背的水渍斑

97

图1-160 叶背病斑处的菌脓

此外，有时叶背还会出现特殊症状，但比较少见。病斑多角形，有些接近圆形，比较小，直径2～3毫米，白色，边缘有暗绿色环（图1-161）。有些病斑周围的暗绿色环十分明显，病斑也很小，只有1～2毫米，近圆形，稍凹陷，与小斑型的靶斑病症状极为相似，此时，用症状诊断的方法很难确诊，需要进行病原鉴定（图1-162）。

图1-161 叶背的特殊症状之一

图1-162 叶背特殊症状之二

细菌性角斑病还有褐色大斑、混合斑等非典型症状，篇幅所限，不再赘述。

　　2. 果实　　此病果实上的症状较难辨别。病果上的病斑初呈水浸状圆形小点，流出透明胶状物。胶状物逐渐失水，颜色变深，呈现乳白色，后期再变为琥珀色，流胶部位凹陷，似黑星病。果面病斑会扩展为不规则的或连片的病斑，向内扩展，维管束附近的果肉变为褐色，病斑溃裂，溢出白色菌脓，并常伴有软腐病菌侵染，而呈黄褐色水渍状腐烂（图1-163、图1-164）。病菌染及种子，引起幼苗倒伏死亡。

图1-163　病果内部的果肉变色

图1-164　发病后期病果溃烂

　　【病原】 *Pseudomonas syringae* pv. *lachrymans* （Smith et Bryan.）Yong, Dye & Wilkie.，属细菌，称丁香假单胞杆菌黄瓜角斑病致病型。病菌菌体短杆状，可链生，大小为0.7～0.9微米×1.4～2.0微米，一端生有1～5根鞭毛，有荚膜，无芽孢。革兰氏染色阴性，好气性。在肉汁胨琼脂培养基上菌落白色，近圆形，扁平，中央稍凸起，不透明，有同心环纹，边缘一圈薄而透明，菌落边缘有放射状细毛状物。

【发病规律】 病菌附着在种子内外，或随病株残体在土壤中越冬，成为来年初侵染源，病菌存活期达 1～2 年。借助雨水、灌溉水或农事操作传播，通过气孔或伤口侵入植株。用带菌种子播种后，种子萌发时即侵染子叶，病菌从伤口侵入的潜育期常较从气孔侵入的潜育期短，一般 2～5 天。发病后通过风雨、昆虫和人的接触传播，进行多次重复侵染。棚室栽培时，空气湿度大，黄瓜叶面常结露，病部菌脓可随叶缘吐水及棚顶落下的水珠飞溅传播蔓延，反复侵染，因此，当黄瓜吐水量多，结露持续时间长，有利于此病的侵入和流行。露地栽培时，随雨季到来及田间浇水，病情扩展，北方露地黄瓜 7 月中下旬达高峰。

此病病原菌发育适温 25℃～28℃，最高 39℃，最低 4℃。在 49℃～50℃ 的环境中，只需 10 分钟病菌即会死亡。相对湿度在 80% 以上，叶面有水膜时极易发病。因此，此病属低温、高湿病害。病斑大小与湿度有关，夜间饱和湿度持续超过 6 小时者，病斑大。湿度低于 85%，或饱和湿度时间少于 3 小时，病斑小。昼夜温差大，结露重而且时间长时发病重。

【防治方法】

1. 农业防治 选用抗病品种。保护地栽培时要注意避免形成高温高湿条件，覆盖地膜，膜下浇水，小水勤浇，避免大水漫灌，降低田间湿度。上午黄瓜叶片上的水膜消失后再进行各种农事操作。避免造成伤口。用无病菌土壤育苗，与非瓜类蔬菜实行 2 年以上轮作。生长期及收获后清除病残组织，带到田外深埋。

2. 药剂防治 种子消毒。除可用 55℃ 温水浸种 15 分钟这种温汤浸种的物理方法消毒外，还可用冰醋酸 100 倍液浸 30 分钟，或 40% 福尔马林 150 倍液浸种 1.5 小时，或次氯酸钙 300 倍液浸种 30 ～ 60 分钟，或 100 万单位农用链霉素 500 倍液浸种 2 小时，用清水洗净药液后催芽播种。

浇水后发病严重，因此，每次浇水前后都应喷药预防。发病初期选择喷洒 20% 噻森铜悬浮剂 300 倍液，20% 噻菌铜（龙克菌）悬浮剂 600 倍液，25% 噻枯唑（叶枯唑、叶青双、川化 −018、敌枯宁）可湿性粉剂 500 倍液，20% 噻唑锌悬浮剂 400 倍液，20% 噻菌茂（青枯灵）可湿性粉剂 600 倍液，80% 乙蒜素乳油 1 000 倍液，2% 宁南霉素水剂 260 倍液，14% 络氨铜（胶氨铜、硫酸四氨合铜）水剂 300 倍液，0.5% 氨基寡糖素（壳寡糖、施特灵）水剂 600 倍液，20% 松脂酸铜（绿乳铜、绿菌灵、铜帅等）乳油 1 000 倍液，56% 氧化亚铜（铜大师、神铜、靠山）水分散粒剂 600 ～ 800 倍液，15% 混合氨基酸铜·锌·镁水剂 300 倍液，1% 中生菌素（克菌康）水剂 300 倍液，20% 乙酸铜（醋酸铜）水分散粒剂 800 倍液，30% 氧氯化铜（王铜，碱式氯化铜）悬浮剂 600 倍液，30% 硝基腐殖酸铜（菌必克）可湿性粉剂 600 倍液等药剂，每 5 ～ 7 天 1 次，连喷 2 ～ 3 次。

（三）细菌性泡泡病

【症　状】主要危害叶片，特征是叶片表面凸起，形成泡斑，叶片背面对应位置凹陷，有白色菌脓。诊断时注意勿与靶斑病、细菌性叶枯病混淆。

主要出现在植株中部光合功能叶上。发病初期叶面出现直径 2 ～ 3 毫米泡斑，病斑部位叶肉凸起，变为浅绿色，泡斑在叶面上稀疏分布（图 1-165）。随病情发展，泡斑增多，均匀地布满整个叶片（图 1-166）。对光观察叶片，病斑呈现浅黄色，十分明显，病斑周围没有褐色环带，这是区别于靶斑病的特征。细菌性泡泡病的病情一般发展较慢，叶片并不会迅速枯死，病斑处叶肉逐渐褪绿，变为枯绿色或浅褐色（图 1-167）。有时也会呈现特殊症状，

病斑圆形，直径 2 ～ 4 毫米，褪绿，但不明显凸起（图 1-168）。

图 1-165　发病初期叶面症状

图 1-166　病斑布满整个叶片

图 1-167　泡　斑

图 1-168　凸起不明显的特殊病斑

叶片背面病斑凹陷，呈直径 2～3 毫米圆形斑，病斑中央灰白色，周围有暗绿色环，与靶斑病某类症状相似，但比之病斑要稍大些（图 1-169）。发病后期，叶背病斑十分密集，凹陷部分呈浅黄色至浅褐色，并有白色菌脓渗出，菌脓水分蒸发后，在病斑附近形成白色膜状物，似干燥后的鸡蛋清，这是区别于靶斑病的重要特征（图 1-170）。

图 1-169　叶背症状

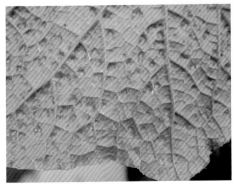

图 1-170　叶背菌脓
干燥后留下膜状物

【病　原】　*Pseudomonas cichorii*，菊苣假单胞菌，属于细菌界薄壁菌门，异名 *P.agarci* Young，河北永年县科技局凌云昕早年曾请日本专家做过鉴定。菌体短杆状或呈链状连接，具 1～4 根极生鞭毛，大小 0.2～3.5 微米 ×0.8 微米，革兰氏染色阴性。专性好氧。4℃能生长，最适生长温度 25℃～28℃，41℃不能生长。氧化酶反应阳性、精氨酸双水解酶阴性、金氏 B 平板上产生黄绿色荧光色素。接种在 KB 平板培养基上，27℃培养 3～7 天，菌落白色，近圆形或略不规则形，中央稍凸起呈污白色，边缘锯齿毛状，菌落大小4～6毫米，有黄绿色荧光。在牛肉汁蛋白胨和YDC培养基上菌落与KB培养基上相似。在蔗糖培养基上不产生黏液，没有解脂作用。不产生果聚糖；具硝酸还原作用。

【发病规律】 病菌在种子内或随病残体越冬，成为翌年发病的初侵染源。在田间通过降雨、浇水、农事操作和昆虫进行传播，形成再侵染，致病害发展蔓延。病菌生长温度为4℃～41℃，最适生长温度25℃～27℃。高温高湿有利于发病。多阴雨、多雾，或昼夜温差大、田间结露时间长，病害发生严重。此外，管理粗放、土壤贫瘠、植株生长衰弱，病害发生较重。

【防治方法】

1. 农业措施 选用抗病品种，建立无病留种田，选用无病种子。加强田间管理。棚室栽培时要注意提高棚温和地温，避免低温、高湿条件出现。浇水时要防止水滴溅射，以减少传播。

2. 药剂防治 发病初期选择喷洒3%中生菌素可湿性粉剂800倍液，喷洒72%农用硫酸链霉素可溶性粉剂3 000倍液，2%春雷霉素（加收米）水剂500倍喷，80%乙蒜素（正萎舒）乳油1500倍液，50%氯溴异氰尿酸可溶性粉剂1 200倍液，88%水合霉素（盐酸土霉素）水剂500倍，30%碱式硫酸铜（绿得保）悬浮剂400倍液，20%噻森铜悬浮剂300～500倍液，20%噻唑锌悬浮剂400倍液，25%络氨铜·锌水剂500倍液，33.5%喹啉铜可湿性粉剂1 000倍液，30%硝基腐殖酸铜可湿性粉剂800倍液，20%噻菌铜悬浮剂600倍液等药剂，隔7～10天1次，连续防治2～3次。使用其中一种药剂即可，交替用药，必要时进行药剂混配，对铜剂敏感的品种须慎用铜制剂。

（四）细菌性叶枯病

【症 状】 少数情况下危害果实、幼茎和叶柄，但主要危害叶片，病斑有多种类型。

1．点状斑　此类病斑很小，主要发生在夜间低温高湿的环境中，发病初期在叶面出现圆形点状斑，之间 1 毫米左右，黄色（图1-171）。叶片背面对应位置病斑略凹陷，大小与正面相似，病斑中央白色、灰白色、浅黄色，周围有暗绿色环，似靶斑病症状，但略小于靶斑病病斑，很容易混淆，必要时应通过病原菌鉴定确认（图 1-172）。之后，病斑稍扩大，至直径 2 毫米左右，密集分布，病斑呈中央颜色浅、周围颜色深的鸟眼状（图1-173）。后期病斑连片叶片干枯（图 1-174）。

图 1-171　高湿环境下叶面点状病斑

图 1-172　叶背凹陷斑

图 1-173　小型鸟眼斑

图1-174 病斑
连片叶片干枯

在露地栽培或干燥的设施环境下，叶面病斑更小，颜色更深，呈浅黄色至浅褐色，叶脉附近病斑分布较多（图1-175）。叶背面病斑没有明显凹陷感，见不到明显菌脓。将叶片对光观察，病斑十分明显，呈黄色点状，边缘分明（图1-176）。

图1-175 干燥环境
下的浅褐色点状斑

图1-176 对光观察病斑明显

此外，叶片还会表现出不规则斑、连片点状斑等症状，篇幅所限，不再赘述。幼茎染病，病茎开裂。果实染病，形成圆形灰色斑点，其中有黄色干菌脓。

【病　原】　*Xantpomonas campestris* pv. *cucubitae* (Bryan) Dye，异名 *X. cucurottae* (Bryan) Dowson，称油菜黄单胞菌黄瓜致病变种（黄瓜细菌性叶斑病黄单胞菌），属细菌。菌体杆状，单生、双生或链生，有荚膜。细菌生长适温 25℃～30℃，36℃能生长，49℃经 10 分钟致死。

【发病规律】　病原菌以带病种子或随病株残余组织遗留在田间越冬，也可由上年发病棚的旧塑料薄膜带菌越冬。在环境条件适宜时，病原菌从叶缘水孔等自然孔口侵入，田间浇水或雨水反溅是病原细菌最主要的传染途径，也可通过昆虫、农事操作等传播蔓延和重复侵染。播种带菌种子，种子发芽后直接侵入子叶，产生病斑，引起幼苗发病。设施内夜间饱和湿度时间 7 小时以上，叶面结露时间长，病斑增多，叶面吐水也利于病菌侵入。

病菌喜低温高湿的环境，适宜发病的温度范围为 3℃～30℃；最适发病环境温度为 8℃～20℃，相对湿度 95%以上；发病最适生育期在苗期至成株期。发病潜育期 7～15 天。本病只在保护地内发生，通常只在早春低温期间发病，当棚室温度超过 25℃时病害即会受到抑制。

【防治方法】

1. 农业防治　选无病瓜留种，利用高温杀菌，可用 55℃温水浸种 15 分钟，也可将干燥的种子放入 70℃温箱中干热灭菌 72 小时。选用抗病品种。清洁土壤，用无病菌土壤育苗。与非瓜类蔬菜实行 2 年以上轮作。生长期及收获后清除病残组织，带到田外深埋。加强管理，小水勤浇，避免大水漫灌。

2. 生态防治　设施栽培时要注意避免形成高温高湿条件，覆盖地膜，膜下浇水，降低田间湿度。上午黄瓜叶片上的水膜消失后再进行各种农事操作，避免造成伤口。

3．药剂防治　种子消毒。冰醋酸 100 倍液浸种 30 分钟，或 40% 福尔马林 150 倍液浸种 1.5 小时，或次氯酸钙 300 倍液浸种 30 ～ 60 分钟，或 100 万单位农用链霉素 500 倍液浸种 2 小时，用清水洗净药液后再催芽播种。

发现病叶及时摘除，而后选择喷洒 25% 溴菌腈可湿性粉剂 500 倍液，25% 噻枯唑可湿性粉剂 500 倍液，90% 克菌壮可湿性粉剂 1 000 倍液，20% 二氯异氰尿酸钠可溶性粉剂 400 倍液，42% 三氯异氰尿酸可溶性粉剂 3 000 倍液，3% 金核霉素水剂 300 倍液，0.5% 氨基寡糖素水剂 600 倍液，20% 噻菌茂可湿性粉剂 600 倍液，72% 农用链霉素可溶性粉剂 4 000 倍液，2% 宁南霉素水剂 260 倍液，1% 中生菌素水剂 300 倍液，15% 混合氨基酸铜锌·镁水剂 300 倍液，46.1% 氧化亚铜（杜邦可杀得 3 000）颗粒剂 1 000 倍液，33.5% 喹啉酮悬浮剂 750 倍液，20% 噻唑锌悬浮剂 400 倍液，20% 噻菌铜悬浮剂 600 倍液，80% 乙蒜素乳油 1 000 倍液，20% 乙酸铜水分散粒剂 800 倍液，30% 硝基腐殖酸铜可湿性粉剂 600 倍液等药剂。隔 7 ～ 10 天 1 次，连续防治 2 ～ 3 次。使用其中一种药剂即可，交替用药，必要时进行药剂混配。

三、病毒类

（一）病毒病（番茄斑萎病毒）

【症状】　病毒系统侵染，主要在叶片上显症。

1．叶片　症状特点是病毒侵染后引发斑驳花叶，但不会迅速导致叶片枯死。发病初期，部分叶肉稍稍褪绿，叶脉有透明感（图 1-177）。之后，叶片斑驳，叶缘及叶面出现褪绿斑（图 1-178）。病斑浅黄色，不规则形，有些分布在叶脉之间的叶肉上，有些则在靠近叶脉的位置（图1-179、图1-180）。病斑扩大、连片，整个叶片呈深绿与浅绿或浅黄交错的斑驳状（图1-181）。随后，部分叶肉逐渐黄化、坏死，病叶呈现花叶状（图1-182）。

图 1-177　初期病叶

图 1-178　中期病叶

图 1-179　脉间褪绿斑

图 1-180 叶脉附近褪绿斑

图 1-181 病斑
扩展后叶面斑驳

图 1-182 后期病叶

　　2. 植株　　病毒为系统侵染，整个植株各个叶片均可能发病，但有轻重之分。发病后期，叶片干枯，植株也会枯死（图1-183、图1-184）。

图1-183 病株之一

图1-184 病株之二

【病 原】 Tomato spptted wilt virus，简称TSWV，称作番茄斑萎病毒，布尼安病毒科番茄斑萎病毒属的典型成员。该病毒最初是1919年在澳洲发现于番茄植株上，Brillelebank将此病命名为斑萎病（Spotted wilt）。于1971年被单独分类为番茄斑萎病毒群，并于1991年经国际病毒命名委员会（ICTV）正式成立番茄斑萎病毒属(Tospovirus)。TSWV在世界上温带和亚热带地区比较常见。

病毒粒体为球形，直径70～90纳米。数个病毒粒体被包被在一个膜内。TSWV的体外稳定性极差，在46℃下10分钟失活，在20℃下存活24～48小时。番茄斑萎病毒寄主范围广泛，可侵染82科900多种植物，在世界上多个国家和地区广泛分布，侵染烟草、大豆、番茄、花生、辣椒、莴苣和菊花、凤仙花等多种花卉后可产生严重危害甚至绝产，目前已成为全世界10种危害性最大的植物病毒之一。

【发病规律】 此病毒很容易通过汁液传播，除个别学者外，多数学者认为种子不能传毒。主要通过烟蓟马和花蓟马来传播。番茄斑萎病毒是由蓟马传播的植物病毒。目前，已报道至少9种蓟马：*Frankliliniella occidentalis*（西花蓟马）、*F.schultzei*、*F.fusca*（烟蓟马）、*Thripstabaci*（洋葱蓟马）、*Tsetosus*、*Tmoultoni*、*Ftenuicornis*（禾蓟马）、*Lithrips dorsalis*和*Scirtothrip sdorsalis*（茶黄蓟马）可传播TSWV，其中西花蓟马是最重要的传毒介体。

由于番茄斑萎病毒粒体的寄主范围广泛，许多温室蔬菜和多年生杂草都可作为病毒的储存场所并可越冬。也可随带毒蓟马成虫藏在土壤中越冬。初春的蓟马在毒源植物上获毒后，迁飞即可传播病毒。

病毒与传毒介体的关系对于理解病毒的传播是至关重要的。只有蓟马若虫吸食病株才能获毒，获毒时间30分钟，但不能马上传毒，获毒后经过3～18天的潜伏期后才能传毒，变为成虫以后就不能获毒了。

实际上作为媒介多在成虫阶段，也就是说只有成虫才能传播病毒。病毒存在于蓟马的中肠，持毒时间可达43小时。虽然若虫获毒了，病毒在虫体内潜伏期是不同的，在葱蓟马内，潜伏期为5～10天，一旦获毒超过20天以上终生不失去传毒能力，属于持久性传毒。但病毒不经卵传，也就是说成虫不会把病毒传给后代。

带毒蓟马刺吸表皮时传播病毒，传毒时间5分钟。病毒通过叶脉向四周传播，2～4小时后表现症状。被系统侵染的幼株可在数周内出现萎蔫并逐渐死亡，成株的坏死最初只呈现在叶脉，后来沿茎秆发展，造成髓部和导管的死亡。

病毒流行水平主要依赖虫口密度和环境条件。天气温暖、空气干燥有利于蓟马繁殖，因而病毒病严重。若冬春季节雨水多、气温低，病害就相应减轻。田间发病最适温度为25℃，超过35℃或低于12℃时则很少表现症状。

【防治方祛】

1.防治传毒媒介　由于蓟马属持久性传毒介体，因而防治蓟马对控制此病十分重要，根据蓟马繁殖快、易成灾的特点，应以预防为主，综合防治。防治蓟马可采取以下措施：

第一，消灭越冬虫源，减少春季虫源。

第二，覆盖银色膜，据美国路易斯安那州农业试验站资料显示，紫外反射光覆盖膜能够减少传毒昆虫的侵入，银色膜和紫外反射光银色膜能够减少该病毒病的发生。

第三，苗床要相对隔离，温室内外没有杂草，四周不宜种植感病植物，以减少蓟马数量和控制感染源。

第四，勤浇水可消灭地下的若虫和蛹。

第五，用细网眼的网纱隔离蓟马。

第六，蓟马对蓝色具有趋性，可利用蓝板诱杀。

第七，药剂防治，每株发现蓟马3～5头时就开始喷药，选择喷洒50%辛硫磷乳油1000倍液，10%吡虫啉可湿性粉剂1500倍液，5%氟虫腈（锐劲特）乳油1500倍液，2.5%多·杀菌素可湿性粉剂1000倍液，22%毒死蜱·吡虫啉（赛锐）乳油1500倍液等药剂。每隔5天喷1次，连喷2～3次。由于蓟马的幼虫、成虫发生于叶背面，使用内吸性杀虫剂防治效果好。另外，蛹生活于根际部，浇水时能浇到根际部。当喷药时，药液喷到茎基部效果更好。

蓟马是一种难以消灭、控制的昆虫介体。以西花蓟马为例，该虫一般在叶片和叶柄组织产卵，经过2～4天孵化成幼虫，仍然在花芽或末端叶里，在幼虫阶段末期，昆虫停止取食转到土壤中孵化成蛹，这几个阶段都处于杀虫剂难以抵达的部位。而成虫存活期大概 30 ~ 45 天，可产卵 150 ~ 300 枚，个体只有 1 ~ 2 毫米，移动速度快，且外表从稻草黄到棕有多种颜色。

2. 药剂防治　　目前普遍应用的是盐酸吗啉胍类药剂，盐酸吗啉胍的作用机理是抑制病毒的 DNA 和 RNA 聚合酶的活性及蛋白质的合成，从而抑制病毒繁殖。主要药剂有 32% 核苷·溴·吗啉胍水剂 1 000 倍液，20% 盐酸吗啉胍·乙铜（病毒 A）可湿性粉剂 500 倍液，40% 吗啉胍·羟烯腺（克毒宝）可溶性粉剂 1 000 倍液，7.5% 菌毒·吗啉胍（克毒灵）水剂 500 倍液，25% 吗啉胍·锌可溶性粉剂 500 倍液，31% 吗啉胍·三氮唑核苷（病毒康）水剂 1 000 倍液。

还可选用 3% 三氮唑核苷（病毒唑）水剂 500 倍液，3.85% 三氮唑核苷·铜·锌（病毒必克）水乳剂 600 倍液，24% 混脂酸·铜水剂 800 倍液。

也可选用微生物源制剂如 5% 菌毒清水剂 500 倍液，8% 宁南霉素（菌克毒克）水剂 750 倍液；植物源制剂如 0.5% 菇类蛋白多糖（抗毒丰）水剂 300 倍液，0.5% 葡聚烯糖可溶性粉剂 4 000 倍液。这类药剂在控制病毒的同时兼有增强植物抵抗力的作用，但效果不稳定。

生长调节剂类药剂有 0.1% 三十烷醇乳剂 1 000 倍液，1.5% 三十烷醇·硫酸铜·十二烷基硫酸钠（植病灵）乳剂 800 倍液，6% 菌毒·烷醇（病毒克）可湿性粉剂 700 倍液。这类药剂能刺激生长，抵消病毒的抑制生长作用，但缺点是有可能导致蔬菜早衰、减产、抗逆性降低。

另外，也可进行药剂复配，如用 1.5% 三十烷醇·硫酸铜·十二烷基硫酸钠乳剂 800 倍液 +0.014% 芸薹素内酯可溶性粉剂 1 500 倍液；20% 盐酸吗啉胍·乙铜可湿性粉剂 500 倍液 +0.014%

芸薹素内酯可溶性粉剂 1 500 倍液；0.5% 几丁聚糖可溶性粉剂 1 000 倍 +0.004% 植物细胞分裂素可溶性粉剂 600 倍喷雾。

利用上述药剂和配方配制药液喷雾，每隔 5 ～ 7 天喷 1 次，连续使用 2 ～ 3 次。

（二）病毒病（黄瓜花叶病毒）

【症　状】

1. 叶片　成株期染病，症状在新出幼叶上表现最为明显，叶面呈现圆形或多角形黄绿相间的斑驳花叶症状，成龄老叶症状不明显，叶面积比正常叶小，而且叶面皱缩，叶片边缘略有向下卷曲趋势（图 1-185、图 1-186）。

图 1-185　叶面斑驳皱缩

图 1-186　叶背症状

2. 果实　果实受害后生长缓慢甚至停止生长，轻病株一般结瓜正常，但病果果皮褪绿斑驳，多出现深绿、浅绿或浅黄相间的花斑，重病株不结瓜或果面凹凸不平（图 1-187、图 1-188）。

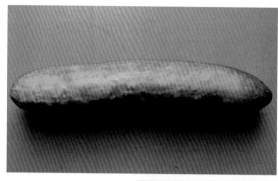

图1-187 初期病果表面出现斑纹

图1-188 不同发病程度果实表面的花斑

3. 植株　总体来讲，发病严重时，病株较矮小，植株茎节间缩短，后期会萎蔫。

4. 幼苗　染病幼苗的子叶变黄，逐渐枯萎，真叶呈现颜色深浅相间的斑驳状，后期呈花叶状。

【病　原】　Cucumber mosaic virus，简称CMV，称作黄瓜花叶病毒，为雀麦花叶病毒科黄瓜花叶病毒属的典型成员。此病毒侵染能力强，可以到达除生长点以外的任何部位，寄主范围多、分布广。

病毒粒体为球状正二十面体，直径28～30纳米。颗粒分子量约为$5.3×10.6$，其中18%是RNA，82%是蛋白质。病毒的大部分株系在65℃～70℃，10分钟失活，稀释限点10万倍，室温下体外存活期72～96小时。

116

【发病规律】　多数学者认为，黄瓜种子不带毒，病毒主要在多年生宿根植物、十字花科蔬菜及杂草上越冬。黄瓜花叶病毒的传毒介体为多种蚜虫，或通过黄瓜茎叶内的汁液接触及田间农事操作传播并进行多次再侵染。虽然CMV极易通过汁液摩擦传染，但自然条件下主要靠蚜虫以非持久性方式传播，粉虱、蓟马等也会传毒。目前已知有70多种蚜虫可传播此病，以桃蚜和棉蚜为主；所有龄期蚜虫均可传病，蚜虫只需在病株上取食不超过1分钟便可带毒，通过活动或迁飞把病毒传染到健康植株。在田间再通过蚜虫和机械接触反复传染。

发病适温20℃，气温高于25℃多表现隐症。由于本病在田间主要靠蚜虫传染，因此与蚜虫发生、繁殖和活动有关的各种因素均会影响本病的发生流行。露地发病率与蚜虫发生量成正相关，通常在有翅蚜量出现高峰后10天左右出现发病高峰。一般高温、日照强、干旱的气候条件下有利于蚜虫的繁殖和迁飞，造成病毒在田间的大量传播，而且高温有利于病毒的繁殖，缩短了潜育期，增加了田间再侵染的数量。同时，干旱和土壤缺水又降低了植株的抗病性，因而发病严重。阴雨天较多，相对湿度大，蚜虫发生少，病情较轻。

【防治方法】

1. 防治传毒媒介　黄瓜病毒病的发生与蚜虫的发生情况密切相关，蚜虫是传播的主要媒介，一般蚜虫密度高，CMV的发病率也高，蚜虫密度低的发病率也低，特别是高温干旱天气可促进蚜虫的繁殖和传毒，因此利用药剂杀死蚜虫，可有效切断传播途径，达到防治的目的。

防治蚜虫、白粉虱、蓟马等刺吸式害虫，在发生初期，及时用药防治。也可采用物理方法，比如，覆盖银灰色避蚜纱网或挂银灰色尼龙膜条避蚜，或进行黄板诱蚜（在棚室内悬挂黄色木板或纸板，其上涂抹机油，吸引蚜虫并将其黏住）。

2. 种子处理　对于靠种子带毒的可进行种子处理。方法：用 60℃～62℃温水浸种 10 分钟或 55℃温水浸种 40 分钟后移入冷水中，再浸种 12～24 小时后催芽、播种。或用 10% 磷酸三钠溶液浸种 20 分钟，再用清水冲洗 2～3 次后催芽、播种。

3. 农业防治　选地避免重茬。同时黄瓜、甜瓜、西瓜、西葫芦等葫芦科作物不宜混种，以免相互传毒。加强田间管理，适时播种，培育壮苗。及时追肥，施足有机肥，增施磷、钾肥。定期或不定期喷施叶面营养剂，使植株稳健生长，提高抗病力。浇水要适时适量，防止土壤过干。防止植株早衰。在进行整枝、绑蔓和摘瓜等农事操作时要先"健"后"病"，分批作业。接触过病株的手和工具，要用肥皂水洗净或药液处理。有吸烟习惯的菜农要用肥皂洗手后才能进行农事操作，防止接触传染。清洁田园，及时清理田边杂草，减少病毒来源。中耕时减少伤根。加强栽培管理育苗时可用遮阳网降温、遮光。采用纱网育苗，阻避蚜虫。远离带病作物。

4. 药剂防治　由于植物病毒对植物细胞的绝对寄生性，病毒复制所需要的物质、能量、场所等完全由寄主提供，而且植物没有动物那样完整的免疫代谢系统，给高选择性的化学抗病毒制剂的研究与开发以及植物病毒病的防治带来很大的困难，至今尚无有效的抗病毒治疗剂。

在田间发现中心病株后，立即进行药剂防治，以防病害扩展蔓延。可选用的药剂有：1.5% 植病灵水剂 800～1 000 倍液，0.15% 高锰酸钾液，5% 菌毒清 500 倍液，每 7 天 1 次，连喷 3 次。

第二章　非侵染性病害

一、花果异常

（一）花　打　顶

【症　状】　花打顶又称瓜打顶，是设施黄瓜早春生产中经常遇到的问题，整个生育期都可能发生，以苗期或定植初期发病几率最高。轻则在个别植株上出现，重则温室内的全部植株都会出现花打顶。主要表现为幼苗或植株生长缓慢或停滞，龙头紧聚，生长点附近的节间呈短缩状，靠近生长点小叶片密集，各叶腋出现小瓜组，在生长点的周围形成包含大量雌花并间杂雄花的花簇，造成封顶，故俗称"瓜打顶"（图2-1）。严重时，接近生长点的茎蔓节间长度过于缩短，叶片聚集，新叶形成缓慢（图2-2）。花打顶植株所形成的幼瓜瓜条伸长缓慢，个别不再伸长，无商品价值。诊断过程中需要注意的是，花打顶是黄瓜植株生殖生长过盛，而营养生长受到强烈抑制的一种表现，其发病程度不同使症状有差异，但并不是像有些人认为的那样，顶部生长点消失，完全被雌花代替，该症状实为"秃尖"。

图 2-1　顶部簇生雌花

119

图 2-2　生长受到抑制

【病　因】

1. 温度异常　　低温或高温均会引发花打顶。第一，夜温低，温室保温性能不好或育苗期间遇到低温寡照天气，夜间尤其是前半夜温度低于 15℃，后半夜也只能达到 11℃ ~ 12℃，致使叶片中白天光合作用制造的养分不能及时输送到其他部分而积累在叶片中（在 15℃ ~ 16℃条件下，同化物质需 4 ~ 6 小时才能运转出去），使叶片浓绿皱缩，叶片老化，光合机能急剧下降。而且，在低温下，植株生长缓慢。再者，昼夜温差大，夜间温度低，向新生部位（龙头）输送的营养量少，植株营养生长受抑制，生殖生长超过营养生长，造成花打顶。第二，育苗期间的低温、短日照环境，十分有利于形成大量雌花，因此，那些保温性能较差的温室所育的黄瓜苗雌花反而多。第三，地温偏低，根系发育差，活动弱。第四，缓苗期，温室内温度过高，水分蒸腾量大，底墒小，幼苗吸水不足，植株生长缓慢，导致花打顶。

2. 水分异常　　干旱易引发花打顶。第一，用营养钵育苗，钵与钵靠得不紧，水分散失大，导致干旱。第二，缓苗水不及时，定植后 3 ~ 7 天浇缓苗水较为适宜，如不及时灌水，生理失调，植株生长缓慢，叶色变深，出现花打顶。第三，蹲苗期控水过度，造成土壤干旱，地温高，新叶没有发出来，导致花打顶。

3．营养失调　定植时底肥量大，肥料未腐熟或没有与土壤充分混匀，如果土壤水分不足，溶液浓度过高，使根系吸收能力减弱，植株长期处于生理干旱状态，也会导致花打顶。初瓜期浇水、追肥不及时，水分、养分满足不了营养生长和生殖生长的需要，导致二者竞争激烈，出现花打顶。底肥不足，浇催瓜水时没有及时补充足够的多元素复合肥，致使植株养分不足，也会出现花打顶。

4．根系受伤　第一，苗期伤根，育苗期间，营养土中掺入的化肥过多导致烧根，或分苗时伤根长期得不到恢复。第二，栽培期沤根，在土温低于10℃～12℃，土壤相对湿度75%以上时，低温高湿，造成沤根，营养不良。第三，栽培期烧根，土壤中大量施入未腐熟的农家肥和过多的化肥作底肥，定植后，进入缓苗阶段的秧苗，当根扎到肥料层时，因施入的肥料随温室内气温和地温的升高而发酵，产生热量导致烧根。这三种情况下，根系受伤，易引发花打顶。

5．药害　农药使用不当，超量使用烟熏剂、杀菌剂，用药过多过频造成较重药害，使幼苗或植株生长点受抑制，会造成花打顶。

6．长势异常　苗龄过长，苗期养分得不到及时补充。植株较弱，结瓜多，营养不良。长势较旺，结瓜少。采瓜不及时，造成瓜坠秧，有些菜农在行情不好时不及时采收，致使植株大量消耗养分，导致生理失衡。疏瓜不及时，菜价高时有些菜农只顾眼前利益，不进行疏瓜，造成瓜坠秧。盛瓜期气温、地温都能满足植株生长需要，植株茎叶及幼瓜生长迅速，需大量水肥，而有些菜农只关心瓜的生长，却忽视了茎叶的管理，水肥供应不足，导致早衰，出现花打顶。

【防治方法】

1．疏花　摘除植株上部分瓜组，减轻植株结瓜负担量。但需要注意的是，花打顶实际是植株生殖生长过于旺盛，营养生长太

121

弱的一种表现，因此先要减轻生殖生长的负担，摘除大部分瓜纽。需要特别注意的是，在温室冬春茬黄瓜定植不久，由于植株生长缓慢，往往在生长点处聚集大量雌花，常被误认为是花打顶（图2-3）。其实，只要进行正常的浇水施肥，待黄瓜节间伸长后，这一聚集现象会自然消失。一些无经验的菜农将其误诊为花打顶，按防治花打顶的方法进行疏瓜处理，会贻误结瓜最佳时期，造成

惨重损失。更错误的方法是，掐去黄瓜龙头，从下部培养侧枝代替主干，造成的损失将会更大。

图2-3 顶部聚集雌花并非花打顶

2. 生态防治　育苗时温度不要过高或过低。应适时移栽，避免幼苗老化。温室保温性能较差时，可在吊蔓前夜间加盖小拱棚保温。定植后一段时间内，白天不放风，尽量提高温度。

3. 水肥管理　其实，花打顶的发生是一个渐进的过程，有一个发病程度的问题，有些花打顶植株的生长点并未完全消失，只是隐藏在雌花之间，很小，不易分辨。对于这种情况，浇大水，随水冲施速效氮肥钾肥，如硝酸铵、硝酸钾或硫酸钾，密闭温室保持湿度，提高白天和夜间温度，一般7～10天即可基本恢复正常，其间可酌情再浇1次水，以后逐渐转入正常管理。平时的管理过程中，要适时适度灌水，不能控水过度，如系缺水造成花打顶，及时浇水即可缓解。

施足充分腐熟的有机肥，做到均匀追肥，避免肥料施用不当烧伤根系。及时松土，提高土温，促进根系多发新根。

还可以通过摘掉雌花等方法促进生长后喷施0.2%～0.3%磷酸二氢钾。也可喷施促进茎叶快速生长的调节剂，或硫酸锌和硼砂的水溶液。

4.化学调控 苗期严格掌握乙烯利处理浓度，有的菜农为促进形成大量雌花，在定植初期，竟然喷200毫克／升的乙烯利，会严重抑制植株生长，导致叶片畸形，致使生长点彻底消失，形成花打顶（图2-4）。通常，乙烯利的浓度应控制在100毫克／升以内才比较安全。发病后，采用5毫克／升萘乙酸水溶液和爱多收3000倍液混合灌根，刺激新根尽快发生。并对植株喷洒能快速促进茎叶生长的调节剂，如天然芸薹素、钛剂等，促进茎叶加快生长。

图2-4 乙烯利处理不当出现花打顶

（二）弯曲瓜

【症状】 弯曲瓜俗称弯瓜，是弯曲黄瓜果实的总称，既包括整瓜粗度一致正常的弯曲果实，也包括弯曲的尖嘴、大肚果实。最常见的弯曲瓜表现为瓜条粗细匀称，从幼瓜形成就出现弧形弯曲，随着瓜条的生长或膨大，其弯曲弧度逐渐增强，开始呈弧形，逐渐变成半圆形，直至螺旋线形（图2-5、图2-6、图2-7）。也有果实顶端部发

图2-5 轻度弯曲瓜

生膨大形成弯曲的大肚瓜（图2-8）。以及瓜把粗大、端部细小的弯曲尖嘴瓜。

图2-6　中度弯曲瓜

图2-7　重度弯曲瓜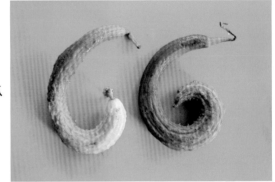

图2-8　大肚型弯曲瓜

　　【病　因】　叶片光合产物不足或光合同化物不能顺利输送到果实中，是形成弯曲瓜的最主要原因，具体则是由以下一种或多种原因造成。

1.**环境不良** 第一,低温,当花序开始发育时,遇上连阴天气,持续低温,光照不足,养分水分匮缺,幼瓜极易变弯。第二,高温,如果对温室黄瓜采取高温管理方法,养分水分过剩,会引起茎叶生长茂盛,输入果实的养分减少,导致弯曲瓜形成;即使植株长势正常,如果一节坐果过多,也会因营养不足形成弯曲瓜。

2.**水肥不足** 土壤营养不足导致植株长势弱,易形成弯曲瓜。比如,蹲苗期小瓜刚开始生长,根据经验,此时不能浇水,至少不能大量浇水,更不能施肥。但根瓜坐住,长约10厘米时,有的菜农仍不敢浇水,继续控水防徒长,而此时正是果实快速生长急需水分和养分的时期,如果肥水供应不及时就会造成弯曲瓜。

3.**整枝不当** 摘叶过多导致光合面积减少,光合同化产物相应减少,同时植株坐果过多,同化物不能满足需要,形成弯曲瓜。另外,茎叶过密,植株郁闭,通风不良,导致植株生长衰弱,也会形成弯曲瓜。

4.**子房异常** 在花芽分化和花芽发育过程中,由于营养不良、温度障碍等原因不能形成正常子房,雌花子房发生弯曲,外观上从子房长 15 ~ 25 毫米时开始弯曲,随着子房增大,弯曲角度增大。在雌花开花前 12 天左右子房开始明显弯曲,6 天前后急速转弯,此后变缓。另外,开花时子房小的弯曲度大,随子房变长变粗,弯曲度减小。开花时子房小的花素质不好,开花后得到的养分也较少,容易形成弯曲瓜,但如果能得到大量的同化养分也能形成正常果。

5.**受精不良** 这种情况比较少见,有些单性结实能力差的品种,在不进行生长调节剂处理的情况下,受精不完全,子房只有一侧的卵细胞受精,这一侧产生的种子多,造成瓜的一侧发育好,而另一侧发育不好,果实发育不平衡,就会形成弯曲瓜,因受精不良产生的弯曲瓜多零星出现。

6．其他原因　病虫危害，如染上黑星病的瓜条就会从病斑处弯曲。嫁接栽培时，接合部分少，愈合不良，养分输送不畅造成弯瓜。机械弯瓜，即正在伸长的瓜条碰到叶片、卷须或吊丝等外物阻挡而不能正常伸展，以致产生畸形弯曲。

【防治方法】　分析原因，采取相应措施防治。

1．环境调控　白天温度不要超过32℃，一般控制在25℃～30℃之间较为安全，夜间避免温度低于13℃。湿度尽量稳定，避免生理干旱现象发生。

2．水肥管理　在施肥上做到氮磷钾肥、微生物菌肥、多元素矿物肥和有机肥合理搭配使用。前期用有机肥和氮磷钾肥料做基肥，氮、磷、钾肥按5:2:6的比例施用，开花坐果后每667米^{2}可冲施微生物菌剂20千克和多元素矿物肥20～30千克。适时、适量喷施叶面肥，可喷0.2%磷酸二氢钾＋0.2%尿素，或0.1%三元复合肥浸泡液＋0.2%白糖，还应注意及时补充硼、锌等微肥，以提高植株的抗逆能力，促使黄瓜根系生长，防止植株早衰。

3．化学调控　涂抹赤霉素，谢花之后，在弯曲瓜条的内曲面用25～30毫克／升的赤霉素溶液涂抹，每天1次，连涂2～3天后弯曲瓜即可变直。

4．品种选择　选用单性结实能力强的品种，避免因受精不完全形成弯曲瓜。

5．科学整枝　结果初期长出的正常果，如果同化物不能及时充分地供给，不久也会变成弯曲瓜，因此，提高叶片的同化作用，使单株和群体的同化量都提高是关键，黄瓜产量的形成主要依靠叶片的光合作用。不要过早、过多摘去底部叶片，只要底叶不发黄，一般不要过早摘除，除非生长空间受限或底部叶片在功能上发生早衰。

6．补救措施　重物坠瓜，如果人力许可，可以采用此法，王久兴曾见河北唐山沿海地区菜农在发现弯曲瓜后，在瓜顶部悬吊当地极易获得的用水泥制作的渔网吊坠，悬吊3天左右弯瓜就能被拉直，吊坠也自然脱落，在其他地区可以悬吊瓦片、砖块等重物（图2-9、图2-10）。牙签插蔓，孔凡宏在15年前曾报道此法，据称，对因高温、高湿及不良气候影响产生的弯曲瓜，可取一牙签扎在生有弯曲瓜的蔓上，要穿透瓜蔓，然后浇1遍水，翌日瓜条即可伸直，再过1～3天拔掉竹签即可，注意竹签要细，只要能穿透瓜蔓而不致折断就可，而且要干净无菌，最好事先在开水中煮沸5～10分钟消毒。

图2-9　悬吊装土的塑料袋拉直果实

图2-10　专门用于拉直黄瓜的吊坠

其他措施还有，其一，在果实坐住时套长30厘米、直径4厘米的聚乙烯塑料筒，让果实受约束生长。其二，当瓜条开始弯曲时，用长30厘米的木条，放于弯曲瓜的背侧，将弯瓜和木条两端用布条各绑一道，过3～5天瓜就变直了。其三，早期用刀片在弯瓜背处竖划一道浅印，再横切1～3道浅印，深不过0.5厘米，长2～5厘米，这样弯瓜就能变直。

（三）酸雨危害

【症 状】 酸雨危害只发生在受到雨水淋洗的露地黄瓜幼苗或植株上。受害植株在降雨后逐渐显症，降水次日症状开始明显。

1. 幼苗 淋雨后，黄瓜幼苗子叶上出现小型浅绿色灼伤斑，病斑逐渐变为枯绿色（图2-11）。真叶受害时，病情发展迅速，叶片被灼伤部分会逐渐扩大，症状逐渐明显，大叶脉之间的叶肉

呈浅绿色，尚来不及变白变黄即已坏死，幼苗生长点受害还可能导致"秃尖"，严重影响幼苗质量（图2-12）。

图2-11 幼苗子叶受害状

图2-12 幼苗真叶受害状

2. 真叶 雨后逐渐显症，在受害初期，叶脉之间的叶肉颜色略微变淡，叶片背面小叶脉之间的受害叶肉颜色加深，逐渐形成枯斑，这种表现说明受害的叶肉细胞已经坏死（图2-13、图2-14）。之后，当受害叶肉细胞的水分逐渐蒸发后，叶片即呈现枯绿色（图2-15）。以后，随着受害叶肉的水分大量蒸发，叶缘

可能向上卷曲，呈枯叶状
（图 2-16）。

图 2-13　受害后叶色变淡

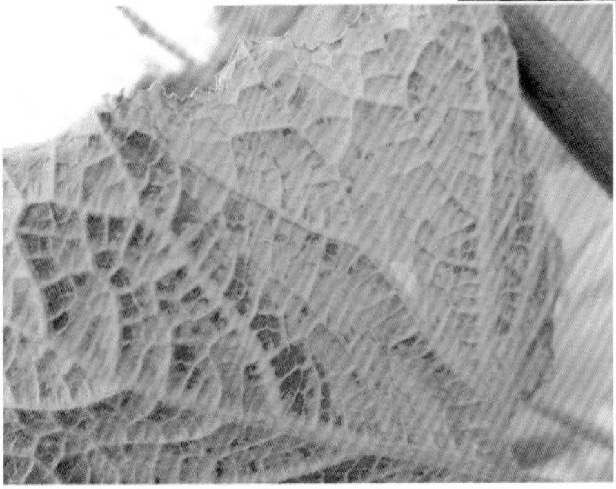

图 2-14　叶背症状

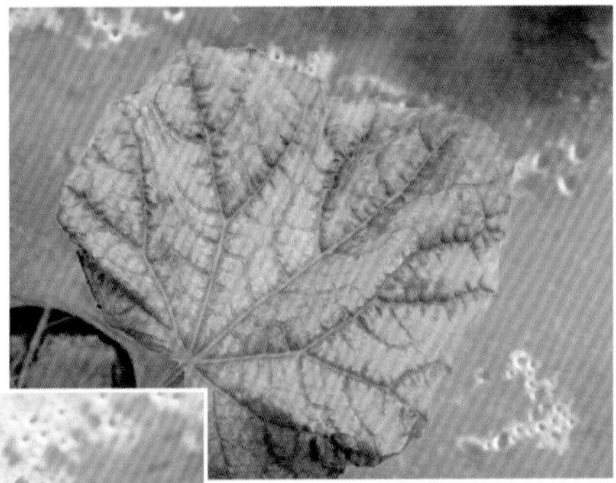

图 2-15　受害叶肉失水

图 2-16　叶缘上卷

雨后几天，如果光照强、气温高，叶片受害部分的叶肉会枯死，并随着叶绿素的分解，叶片叶色会逐渐由枯绿色变为浅褐色或黄褐色，最后，仅有叶脉及紧邻叶脉的叶肉尚能保持绿色（图2-17）。绿色的叶肉会继续生长，但由于受到坏死部分的限制，整个叶片会皱缩、畸形（图2-18）。坏死的叶肉逐渐变干，极易破碎，导致叶片穿孔（图2-19、图2-20）。

图2-17 受害叶变为浅褐色

图2-18 叶片皱缩卷曲

图2-19 病斑干枯

图 2-20 叶片穿孔

3．植株 就整个植株来讲，上部的嫩叶受害较重，下部的老叶受害较轻甚至不会受害，这是因为，在降水量较少时，顶部的叶片对下部叶片有遮挡作用，而且，老叶的抗性也相对强些（图 2-21）。植株顶部的生长点最容易受害，嫩叶从叶缘开始干枯，严重时整叶枯死，生长点受害对植株生长和产量形成很大影响（图 2-22）。

图 2-21 田间受害状

图 2-22 植株顶部受害状

【病　因】　所谓酸雨，就是被大气中的酸性气体污染，pH 值低于 5.65 的酸性降水，是人为地向大气中排放大量酸性物质造成的。我国的酸雨主要是因大量燃烧含硫量高的煤而形成的，此外各种机动车排放的尾气也是形成酸雨的重要原因（图 2-23）。近年来，我国一些地区已经成为酸雨多发区。华中已成为全国酸雨污染范围最大、中心强度最高的酸雨污染区，西南是仅次于华中的降水污染严重区域，华东沿海的污染强度较低。酸雨淋到黄瓜叶片上，会对叶片造成灼伤，形成酸雨危害。

图 2-23　酸雨成因示意图

【防治方法】　酸雨的治理是个系统工程，远非农户个人力所能及。目前，主要通过原煤脱硫、使用低硫燃料、改进燃煤技术、煤烟脱硫、开发新能源等措施减少酸雨的形成。

从栽培角度讲，防治酸雨应该在降雨的同时，及时检测雨水的酸碱度（pH 值），如果 pH 值低于 5.65，即可认定为酸雨。雨后应立即喷清水，冲掉植株上的雨水，减轻危害。不提倡采用喷碱水中和的方法，这样容易矫枉过正，产生碱水危害。翌日喷含氮叶面肥，如 0.1% 尿素溶液，刺激叶片绿色组织发育，弥补酸雨对叶片的损伤。这种病害，不会传染，也不会持续危害，受害较轻时，坏死的叶肉会逐渐干枯，植株顶部会在几天后出现新的健康叶（图 2-24）。需要注意的是不要误诊为细菌性病害。

图 2-24　受害植株长出新叶

（四）长期低温冷害

【症　状】　保护设施内夜间平均温度长期低于15℃，早晨揭开草苫时最低温度长期低于8℃，就会出现异常症状。

1. 叶片　叶色偏黄，缺刻深，叶身狭长，像枫树叶状（图2-25）。叶片背面常有水珠凝结，说明环境温度偏低（图2-26）。叶尖下垂，略显萎蔫，严重时叶片边缘向下、向内收缩，大叶脉突出，菜农称作"肋骨突出"（图2-27）。同时，植株顶部生长点处的小叶偏向一侧，俗称"歪头"，需要注意的是，其他一些生理病害甚至正常植株也有"歪头"现象，不能单独以此作为判定低温冷害的依据（图2-28）。

图 2-25　叶身狭长

图 2-26　叶背有小水珠

133

图 2-27 叶片皱缩

图 2-28 生长点偏向一侧

2. 植株　受害植株上所有叶片的症状相似，在后期，全株叶片的叶尖会下垂，稍重者叶片边缘下卷（图 2-29）。最严重者，叶片卷曲如筒状，叶面会伴有白色坏死斑（图 2-30）。

图 2-29 全株叶片下垂

图 2-30 全株叶片卷曲

3. 果实 低温下，黄瓜产量很低，采收间隔期加长，此时菜价通常比较高，让种植者很是急切。虽然可以通过药剂处理，让果实坐住，减少化瓜，但果实生长速度缓慢（图2-31）。已经坐住的果实由于长期处于低温环境下，果皮容易受到伤害，部分果皮木栓化，后期随着果实的生长，木栓化的果皮开裂，形成皴皮，但果实尚不至于枯死（图2-32）。

图2-31 果实发育速度缓慢

图2-32 果皮受害形成皴皮

【病 因】 温室本身的建造标准低，保温性能差，温室内气温长期不能满足黄瓜生长发育的需要，在整个低温季节，黄瓜一直处于低温之下，就会出现各种生理异常。如果遇到气候异常年份，出现连续的阴天、雨天、雪天，危害会更加严重。

【防治方法】 建造保温性能良好的高标准温室是解决这一问题的根本，要求在严冬季节，日出前温室内最低气温要达到8℃以上，种植黄瓜才是安全的。目前，我国北方很多地区都学习山东菜农的经验，建造了大量土墙半地下温室，山东农民依据温室的发展历程及其特点，将当地温室划分为多代，目前流行的是所谓的第五代、第六代温室。这类温室保温性、采光性都比较好，但由于缺乏专业人员的指导，也逐渐走入了一个误区，一味地加大跨度、增厚土墙、提高高度，建造成本越来越高，土地利用率

越来越低，性能反而有所下降，这一问题需要种植者注意（图2-33）。

图 2-33　高标准半地下式土墙温室

　　此外，对应保温性差的温室，冬季要加强覆盖保温。例如，可以在温室内覆盖二层保温幕（图2-34）。还可以对开始萌动的种子进行低温处理，从而提高植株的耐低温能力。定植前进行低温炼苗，以增加植株内糖分含量，提高植株的耐低温能力。露地栽培时可以采取简易地面覆盖进行保护。有条件的可以进行人工增温。喷用药物防寒，某些药物可以较好的提高植株抗寒性，如植物抗寒剂、青霉素等。青霉素可以杀死植株体内的冰点细菌，从而提高黄瓜耐低温能力。

图 2-34　温室内的二层保温幕

三、茎叶异常

（一）叶片生理性充水

【症　状】　多发生在生长势衰弱的植株上，出现于不同植株基本相同高度的叶片上，且分布比较均匀。因环境和受害程度不同，症状也有差异。另外，在发病后期，由于植株衰弱，细胞受到破坏，很容易同时感染侵染性病害，因而有时能够检测出病菌，从而导致误诊。

1．小斑　早晨揭开温室草苫或其他不透明保温覆盖物后，在黄瓜叶片背面可见污绿色的圆形小斑或受叶脉限制的多角形斑（图2-35）。叶片正面一般没有异常，只是在发病严重时才会出现密集的黄色小斑（图2-36）。

图 2-35　叶背小斑

图 2-36　叶面布满黄色小斑

2．大斑　早晨可见叶背病斑较大，呈水浸状，多角形，初期往往被误诊为细菌性角斑病或霜霉病，实为生理性充水现象（图2-37）。随着光照增强，温室内的气温升高，症状会慢慢消失，但第二天还可能出现，也可能不出现。如此经过多日反复，细胞破裂，叶肉会坏死，水分蒸发后会形成白色至浅黄色的边界不明显的枯斑（图2-38）。

图 2-37 大型充水斑

图 2-38 反复充水不能恢复形成枯斑

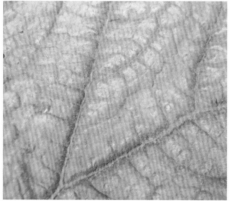

3．泡斑 有些情况下则容易与泡泡病混发，叶面凹凸不平，叶背凹陷（图2-39、图2-40）。

图 2-39 叶面凹凸不平

图 2-40　叶背凹陷

4．白化　大叶脉之间的叶肉受害，叶肉细胞渗入细胞间隙的水分逐渐蒸发，破碎细胞中的叶绿素逐渐破坏，导致褪绿，因而，

脉间叶肉呈干枯的白色（图 2-41）。叶片生长也会受到限制，导致叶片卷曲（图 2-42）。

图 2-41　脉间叶肉白化

图 2-42　叶片生长受阻

【病　因】　设施内环境不适宜，例如白天温度高，夜间温度低，气温变化剧烈，或空气湿度过高，或土壤温度偏高，容易诱发此病，在这些环境中，叶片蒸腾作用会受到抑制，结果黄瓜叶片细胞积累

139

过多的水分，而细胞内部的水分只能进入细胞间隙，也会导致生理充水。日光温室秋冬茬黄瓜易发此病，在10月初温室覆盖薄膜后，由于种种原因尚未覆盖草苫，此时如果遇到了连阴天，为保持温度，一般不再放风，导致昼夜温差大，就会出现充水现象。另外，使用了大量有机肥或秸秆反应堆的温室，土壤温度较高，根系吸水旺盛，但如果温室保温性能不好，气温低，相对湿度高，也会导致充水。越冬茬黄瓜在严冬季节或早春有时也会出现充水现象。

【防治方法】 栽培秋冬茬或越冬茬黄瓜时，应及时覆盖薄膜和草苫，华北地区一般在9月底覆盖薄膜，10月中下旬覆盖草苫。低温季节设法提高温度，尤其是气温，必要时进行临时加温。保障薄膜透光性。预防和治疗并发的侵染性病害，积极防治霜霉病和细菌性角斑病。最好在经过了连阴天并转晴2天后喷药，防治细菌性角斑病用乙蒜素＋氯霉素＋复硝酚钠，防治霜霉病的药剂也要加复硝酚钠。不要在防治霜霉病和细菌性病害药剂中加入芸薹素内脂类生长调节剂，这样容易导致黄叶、落叶。

(二) 植株下部叶片变黄

【症状】 依据发病时间不同，可分为两种情况。其一，主要在结瓜期出现，植株下部叶片逐步变黄，由下而上发展。开始叶片偏黄，叶缘偏黄程度严重些（图2-43）。而后，黄化程度逐渐加重（图2-44）。有些叶片卷曲，严重者干枯（图2-45），而有些虽然不干枯，但严重黄化（图2-46）。叶片黄化会导致光合作用受阻，严重影响产量。其二，在温室冬春茬或大棚春茬黄瓜定植后出现，植株下部的叶片

图2-43 叶片开始变黄

由下向上逐渐黄化，干枯脱落，有的只剩下上部 1～2 片绿叶，这种植株根量极少，已经受到损伤。

图 2-44　黄化程度加重

图 2-45　叶片卷曲

图 2-46　严重黄化

【病因】　黄叶病因是在生长期间，营养不良，管理不当，或受某些病害的侵染所致。第一种叶片变黄的根本原因是根系因低温受损，吸收能力降低，导致植株缺少养分造成的，有人称之为生理性枯干或生理性黄化，多是由于灌溉水的温度低，导致地温低，或温室保温性能差，或浇水后遇到连阴天等一种或多种原因并举造成的。一般只要在阴天结束后采取相应措施即可恢复。第二种情况的发生原因是定植过密，植株郁闭；下部叶片自然老化；缺肥，尤其是缺氮肥；枯萎病发病早期，也有下部叶片黄化症状，同时伴有萎蔫；也有可能是根系受到根螨等害虫危害。

【防治方法】 针对第一种情况，作者在本校基地采用的挽救方法是：叶面喷施 1.8% 复硝酚钠水剂 6 000 倍液，或用 10 毫克／升的萘乙酸灌根，促进根系发育，同时浇小水，随水冲入硝酸铵（每667 米 ^{2} 10 千克），而后密闭温室，尽量提高温度，经 7 ~ 10 天，植株就会长高许多，此时可转入正常的温度管理。对第二种情况，可通过浇水施肥，改善通风透光条件，打掉底部老叶，整枝、盘蔓等措施加以补救（图 2-47、图 2-48）。

图 2-47 摘除下部老叶

图 2-48 摘叶后可以盘蔓

（三）植株徒长

【症　状】　黄瓜植株徒长有两种类型，症状差异很大。

植株徒长的症状特征是营养生长过于旺盛，生殖生长过于衰弱，两者不平衡。

1. 衰弱型徒长　茎纤细，节间长，根系发育差，叶大、薄，植株总体颜色偏黄绿色，侧枝多（图2-49）。徒长会推迟开花、坐瓜。雌花花少，雌花开花节位下移，秧旺瓜少，甚至光长秧不结瓜（图2-50）。雌花质量差，子房偏小，和叶片大小不相称。坐果率低，化瓜现象严重。子房膨大和果实发育缓慢，易发病，产量低。根系浅，根量少，吸水吸肥能力弱，加之植株茎叶干物质积累少，细胞溶液浓度低，使植株外强内虚，抗病抗逆性降低，特别是抗寒性明显下降。徒长减少了植株营养物质积累，容易导致早衰。

图2-49　卷须细长，植株早衰

图2-50　侧枝多，雌花少

2. 旺盛型徒长　　作者早年观察并总结了黄瓜植株徒长的营养器官形态标准：黄瓜节间变长，超过 8 厘米；主蔓过粗，直径超过 0.8 厘米；叶柄过长，超过 11 厘米；叶片过大，展度超过 24 厘米，且比较厚，叶色深绿（图 2-51）；叶柄与蔓夹角偏小，小于 45°，有时由于重力原因，叶柄弯曲，夹角偏大；卷须细长且发白；顶部生长点凸出，株冠小而尖，侧枝长出得比较早，在摘心后出现大量侧蔓（图 2-52）。

图 2-51　叶片大而薄

图 2-52　侧蔓多，植株郁闭

【病　因】

1. 衰弱型徒长　　弱光，阴天，或薄膜透光性差，或定植过密植株相互遮光，光合作用减弱，体内生长素含量升高，同化产物消耗量大于储存量。高温，设施内气温高，特别是夜间温度高，昼夜温差小，导致夜间呼吸作用旺盛，光合同化物消耗多，积累少，导致徒长。比如，定植后完成缓苗，未及时通风降温，使得设施内温度过高，特别是夜间温度降不下来，易造成徒长。再比如，在不同年份，气候特点不同，有些年份，入冬前后的很长一段时间光照充足，气温比常年高3℃左右，在此有利的天气条件下，如果栽培上仍按正常年份的管理方法对越冬茬黄瓜进行环境调控，往往温度偏高，导致徒长。

2. 旺盛型徒长　徒长俗称"虚症"，根本原因是营养生长与生殖生长的平衡被打破，使营养生长过旺，植株光合作用制造的有机养分以及根系吸收的矿质养分大量用于茎叶生长，供应花芽分化、果实发育的营养物质相对偏少，从而导致徒长。

底肥中施用的氮肥过量，或过量追施氮肥，而磷钾肥不足，会导致植株前期氮素供应过多，碳氮比降低，氮素与体内同化产物大量合成蛋白质，促进茎叶生长，植株营养生长过旺，同时由光合作用生成的光合产物储存量降低。

再有，设施内温度较高，水分蒸发量大，而黄瓜对水分比较敏感，缺水就会引起生长缓慢，因此菜农往往浇水过勤，导致氮肥等养分吸收过剩，营养生长过旺，出现徒长。

温室内空气湿度高，土壤水分充足。比如，定植水没浇足，定植后的缓苗水也没浇足，在蹲苗期间，植株缺水，种植者只能在根瓜还没坐住，植株尚未由营养生长为主向生殖生长为主转变的时候，早浇水，如果浇水量偏大，必然导致营养生长过旺，发生徒长。再比如，露地没有覆盖地膜的黄瓜在浇水后，没有及时中耕松土，土壤湿度大，会影响土壤的通透性和根的呼吸作用，不利于根系下扎，从而影响了根系的发育，也会导致徒长。

【防治方法】

1. 合理密度　黄瓜生长势较强，如栽植密度大，相互遮光，同时氮肥用量过多，就易引起徒长。因此，温室黄瓜应适当稀植，并注意肥水管理。建议采用双高垄栽培，小行距不小于50厘米，大行距不小于80厘米，一般每667米²栽3 700～4 000株即可。

2. 科学施肥　严格掌握标志着蹲苗期结束的浇水施肥的时机，俗称开水开肥时机，不可过早，施肥量以每667米²追尿素15～20千克，硫酸钾10千克左右为宜。追肥时间、追肥量应根据土壤肥力和基肥施入量来确定，要本着"少量多次"的原则，每采收2次可随水冲施1次肥料。

发生徒长后，每667米²追施腐熟鸡粪或豆饼1 000千克，磷、钾肥各25千克，以硝酸钾型冲施肥为好，重施有机肥和磷钾肥。并叶面喷施正常浓度2倍的含有硼钙的微量元素肥料、磷酸二氢钾或某些营养治疗剂，及时补充体内营养。高浓度肥液可能导致叶片出现临时变形，但一旦恢复，就会达到明显的控制徒长和促进雌花形成的效果。

对黄瓜植株缺少雌花的温室，可在上午8～10时进行二氧化碳施肥。

提高植株体内的碳氮比，有助于控制徒长，植株体内碳氮比高时，根系生长快、茎叶生长慢；而碳氮比低时，根系生长慢，茎叶生长快。生产中，可以喷白糖或追施碳氮比高的肥料，在喷药防病过程中，喷0.35%白糖溶液，利用黄瓜叶背气孔或叶缘水孔吸收白糖溶液，这样不仅可以调节植株体内碳氮比，抑制徒长，而且可使黄瓜叶片柔软，增强抗逆性。或者追施碳氮比较高的肥料，如腐熟的有机肥或秸秆堆肥等。

3. 科学浇水　"控两头，促中间"，定植水要浇足而不过量，许多温室定植水没浇足的原因在于垄的高度不适宜。蹲苗期间，对于设施或露地栽培的未覆盖地膜的黄瓜，应进行浅中耕，切断土壤毛细管，避免土壤水分上升到表层，减少水分蒸发，形成上干下湿的土壤环境，提高土壤通透性，增加含氧量，破板结，合裂缝，提高地温，改善根系环境，促根迅速发育。结瓜期前期浇水要做到见湿见干，结瓜期浇水次数增多，一般每隔6～10天浇1次水，但要注意每次浇水应在摘瓜前进行，让水分多进入瓜中，而不是流向茎叶。顶部果实收完后，减少浇水量，促进新根发生，等回头瓜膨大时再频繁浇水。发生徒长后则应停止浇水，"困秧促瓜"，农谚有"旱长根、水长苗"的说法，适度干旱有利于抑制地上部生长促进地下部生长，待植株上的幼瓜膨大后再浇水，但以少浇为佳。

4. 环境调控　黄瓜定植后的适宜生长温度范围为10℃～32℃，温度过高，呼吸作用增强，机体运行紊乱，容易徒长，同时会抑制幼果生长，使产量下降。在适宜的温度范围内，较大昼夜温差下的植株要比小温差下的植株生长旺盛，生长势强，前期产量高。

不同生长阶段，温度不同。以温室黄瓜为例，在缓苗后，应根据室外温度变化，适当放风，白天室内温度控制在22℃～25℃，夜间15℃～18℃。到根瓜采收后，白天室内温度控制在25℃～32℃，夜间13℃～15℃，防止棚内温湿度过高。如果发现因高温导致植株徒长，应立即将温室夜温由12℃以上逐步降至5℃～6℃，造成尽量大的昼夜温差，以控制茎叶生长，使植株生长中心由营养生长向生殖生长的方向转化，低温锻炼5～6天，然后再恢复到12℃左右。黄瓜生长的适宜湿度是60%～80%，对于徒长植株，要避免温室过度闷热，及时通风换气，将湿度降低，以此降低叶片水分含量，以抑制茎叶的生长速度。

注意保持较强光照，选择优质薄膜，保持薄膜良好的透光性，连阴天可以进行人工补光。

5. **植株调整** 定植后，当瓜蔓长到 50 厘米左右时开始用胶丝绳吊蔓，如果瓜蔓生长旺盛，可左右弯曲缠绕，弯曲度视长势而定，如果徒长就要增大弯曲度。黄瓜植株调整中通过加大茎蔓弯曲程度抑制徒长的方法，是借鉴了葡萄、苹果等果树的整形技术。

6. **化学调控** 叶面喷洒助壮素类调节剂。喷 50 ～ 150 毫克／升的乙烯利增瓜，当果实坐住后，根据植物生理学的源库关系原理，营养物质会重点向发育中的果实供应，茎叶供应量降低，徒长会受到抑制。

第三章 虫 害

一、鳞 翅 目

（一）甘蓝夜蛾

【学 名】 *Mamestra brassicae* Linnaeus。

【分 类】 昆虫纲，鳞翅目，夜蛾科。

【危害特点】 主要以幼虫危害叶片，初孵化时的幼虫围在一起于叶片背面进行危害，白天不动，夜晚活动啃食叶片，而残留下表皮，到大龄期（四龄以后），白天潜伏在叶片下、地表或根周围的土壤中，夜间出来活动，形成暴食。严重时，往往能把叶肉吃光，仅剩叶脉和叶柄，并留下大量粪便，引起其他病害，吃完一处再成群结队迁移危害（图3-1）。幼虫还会啃食瓜皮，受害部位会形成木栓化层，影响品质（图3-2）。

【形态特征】

1. 卵 半球形，底径0.6 ～ 0.7毫米，表面具放

图3-1 叶片受害状

图3-2 果实受害状

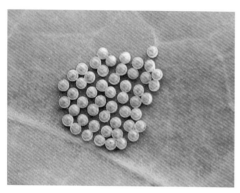

图 3-3 卵

射状三序纵棱，棱间具横隔。初产黄白色，孵化前紫黑色。每个卵块有 100 ~ 200 粒卵，一头雌蛾一生可产 1 000 ~ 2 000 粒卵（图 3-3）。

2. 幼虫　共 6 龄，初孵幼虫黑绿色，后体色多变，淡绿至黑褐不等，在一、二龄时前两对腹足退化。老熟幼虫体长 29 ~ 40 毫米，体色多变，受气候和食料影响而在黄色、褐色、灰色间变化。体节明显，背线、亚背线呈白点状细线。体表腺体色泽分明，体背各节两侧有多个黑色条斑，呈倒"八"字形纹（图 3-4 ~ 图 3-6）。

3. 蛹　赤褐色或深褐色，长约 20 毫米。背部中央有 1 条深色纵带，臀棘较长，末端有两根长刺，顶端膨大呈球状，形似大头针（图 3-7）。

图 3-4　初孵幼虫

图 3-5　中龄幼虫

图 3-6　老熟幼虫

图 3-7　蛹

4.成虫　体长 15 ~ 25 毫米,翅展 30 ~ 50 毫米,翅和身体为灰褐色,复眼为黑紫色。在前翅的中间部位,靠近前缘附近有 1 个灰黑色的环状纹和一个相邻的灰白色的肾状纹,前缘近端部有 3 个小白点,亚外缘线白而细,沿外缘有 1 列黑点,后翅灰色,无斑纹(图 3-8)。

【发生规律】

1.生活史　在北方 1 年发生 3 ~ 4 代,以蛹在土表下 10 厘米左右处越冬,当气温回升到 15℃ ~ 16℃时。华北地区 5 月中旬至 6 月中旬,越冬蛹羽化出土。1 年有两次危害

图 3-8　成　虫

盛期，第一次在6月中旬至7月上旬，第二次是在9月中旬至10月上旬。成虫产卵期需吸食露水和蜜露以补充营养。卵期一般为4～6天，卵的发育适温是23℃～26℃。幼虫孵化后有先吃卵壳的习性，群集叶背进行取食，二至三龄开始分散危害，四龄后昼伏夜出进行危害，整个幼虫期约30～35天，蛹期一般10天左右，越夏蛹蛹期50～60天，越冬蛹蛹期6个月左右，蛹的发育温度15℃～30℃之间。

2.生活习性　成虫白天在植物叶中潜伏，傍晚开始活动。产卵最盛时期大约在19～20时。卵呈块状，分散产下。每块中的卵数由几粒至几百粒不等，平均100多粒。一雌虫最多能产卵近3 000粒，平均产800多粒。初孵化出来的幼虫成群栖息，白天潜伏于叶中，夜间出来危害。叶片被害部初呈透明状，幼虫稍长大后现出大小不等的穿孔。这时幼虫能吐丝下坠，也能自由爬行，因此群栖的数目大大减少。三龄以前的幼虫前2对腹足未长成，因此行动时背弓起如尺蠖；到三龄以后足已长全，白天多数躲在叶里或土块下，夜间出来食害。五龄以前的幼虫白天一般在地上部潜伏，六龄幼虫白天多藏在根下土中，夜间出来食害。

成虫对糖醋味有趋性，对光没有明显趋性。

天敌。甘蓝夜蛾的天敌对其发生程度也具有一定影响，主要天敌有广赤眼蜂、拟澳赤眼蜂、甘蓝夜蛾瘦姬蜂，还有马蜂、步甲、蜘蛛等，这些天敌数量大时可以影响甘蓝夜蛾的发生程度。

3.发生条件　温度与湿度影响发生。甘蓝夜蛾具间歇性和局部猖獗危害的特点，在冬季和早春温度和湿度适宜时，羽化期早而较整齐，易于出现暴发性灾年。其发生程度与气候、食物及栽培条件等关系密切。甘蓝夜蛾各个虫期对温湿度要求比较严格，一般平均温度18℃～25℃，相对湿度为70%～80%时，适宜其生长发育。如果温度低于15℃或高于30℃，湿度低于68%或高于85%，生长发育均会受到抑制，因此甘蓝夜蛾常在温湿度适宜的春秋季发生严重。高温干旱或高温高湿对它的发育不利，所以夏季是个明显的发生低潮。因其多食性，危害蔬菜种类多，食料条件对幼虫的影响不大，而成虫因为需补充营养才能交配产卵，因此蜜源植物的多少则影响成虫的寿命和产卵量；成虫喜欢在高大茂密的作物上产卵，水肥条件好，长势旺盛的菜地受害重。

【防治方法】

1. 农业防治　根据甘蓝夜蛾在土里化蛹的习性，菜田收获后进行秋末翻耕，以增加蛹的死亡量，消灭部分越冬蛹。根据甘蓝夜蛾在茂密杂草中产卵的习性，清除田间杂草可降低幼虫密度。依据甘蓝夜蛾的卵期及初孵幼虫集中取食的习性，极易发现，可结合田间管理，及时摘除卵块及初龄幼虫聚集的叶片。

2. 物理防治　甘蓝夜蛾成虫对黑光灯和糖蜜气味有较强的趋性，可以利用成虫的趋光性和趋化性，在羽化期设置黑光灯或糖醋盆诱杀，鉴于雌成虫产卵量大的习性，诱杀成虫的意义特别重要。诱液中糖、醋、酒、水比例为10:1:1:8或6:3:1:10。再加入少量甜而微毒的敌百虫原药，新购更好。

3. 生物防治　在卵期人工释放澳洲赤眼蜂，设6～8个点／公顷，每次每点放2 000～3 000 头，每隔5天放1次，连放2～3次，灭卵效果良好，可使总寄生率达80%以上。也可在甘蓝夜蛾发生高峰用释放螟黄赤眼蜂和松毛虫赤眼蜂，每667米^{2}放3个点，每个点放3 000头蜂，连续放3～4次。在幼虫期喷洒0.2%苦皮藤素乳油1 000倍液或苏云金杆菌制剂，选用对夜蛾科幼虫致病力强的菌系，在温度20℃以上晴天喷洒效果较好，并注意在幼虫钻入叶球前施用。

4. 化学防治　由于二龄以后幼虫分散，防治困难，因此要利用三龄前幼虫较集中、食量小、抗药性弱的有利时机进行化学药剂防治。

应在成虫产卵高峰后 7～8 天，三龄幼虫达 50%，气温 20℃以上，在卵孵化高峰期突击用药，使幼虫不能正常蜕皮、变态而死亡。可选择喷洒的药剂有：5% 氟虫脲乳油 2 000 倍液，10% 虫螨腈悬浮剂 2 000 倍液，15% 茚虫威悬浮剂 3 500 倍液，40% 氰戊菊酯乳油 2 000 倍液，2.5% 氯氟氰菊酯乳油 2 000 倍液，5% 虱螨脲乳油 1 000 倍液，24% 甲氧虫酰肼悬浮剂 2 500 倍液，2.5% 高效氯氟氰菊酯乳油 2 000 倍液，10% 氯氰菊酯乳油 3 000～4 000 倍液，2.5% 溴氰菊酯乳油 2 000 倍液，2.5% 天王星乳油 3 000～4 000 倍液等。交替使用农药，以防其产生抗药性，不宜多种农药混用或单农药品种连续使用，用药时水量一定要足，喷药均匀到位，勿使喷雾器碰到植株上，以免使幼虫被震落，降低药效。采收前 7～10 天停止用药。

（二）瓜绢螟

【学 名】*Dmphania indica*（Saunders），异名 *Glyphodes indica* Saunders。

【分 类】鳞翅目，螟蛾科。

【危害特点】 瓜绢螟是危害瓜类蔬菜的主要虫害，除了危害黄瓜、苦瓜、丝瓜、南瓜、西瓜、甜瓜、冬瓜、节瓜外，还危害番茄、茄子等多种蔬菜。

1. 叶片 低龄幼虫在叶背啃食叶肉，呈灰白斑，直至形成缺刻和穿孔（图 3-9、图 3-10）。也能啃食嫩梢、嫩叶，形成穿孔或缺刻，还能潜食瓜蔓。三龄后吐丝将叶或嫩梢缀合，匿居其中取食，致使叶片穿孔或缺刻，严重时叶肉被吃光，仅留叶脉。

2. 果实 低龄幼虫可能蛀入幼瓜及花中危害。中、高龄幼虫还会啃食果皮，形成疮痂，影响果实发育，降低果实品质，也能蛀入瓜内，影响产量或导致病菌由伤口侵染（图 3-11、图 3-12）。

【形态特征】

1. 卵 扁平，椭圆形，淡黄色，表面有网纹。

图 3-9　幼虫在叶背啃食

图 3-10　叶面受害状

2. 幼虫　共 5 龄，老熟幼虫体长 23 ～ 26 毫米，头部、前胸背板淡褐色，胸、腹部草绿色，背面较平，体背面上亚背线较粗，呈 2 条明显的较宽的乳白色纵带(宽线)(此点是菜农认识瓜绢螟的主要标识)，气门黑色。各体节上有瘤状突起，并着生短毛。全身以胸部及腹部较大，尾部较小，头部次之。幼虫发育历程见图 3-13 ～ 3-18。

3. 蛹　蛹体长约 14 毫米，深褐色，头部光滑尖瘦，翅端达第 6 腹节。外被薄茧（图 3-19、图 3-20）。

4. 成虫　瓜绢螟是一种小型蛾子，成虫体长 11 毫

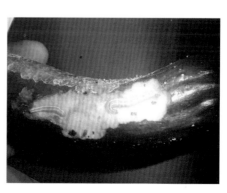

图 3-11　幼虫啃食果皮

图3-12　受害果
实表皮形成疮痂

米，翅展 25 毫米，头、胸黑褐色，腹部白色带闪光，但第 1、7、8
节黑褐色，腹部末端左右两侧各有 1 束黄黑色相间的毛丛，其中雄蛾
的毛丛中央黑色，雌蛾黑毛很少。触角黑褐色，长度接近翅长。下唇
须下侧白色，上部褐色。前、后翅白色，半透明，瓜绢螟最明显的特
征是翅面色带丝绢般闪光，略带金属紫色。前翅沿前缘及翅面及外缘
有 1 条淡墨褐色带，翅面其余部分为白色三角形，缘毛墨褐色。后翅
白色半透明有闪光，外缘有一条淡墨褐色带，缘毛墨褐色。足为白色（图
3-21、图 3-22）。

【生活习性】

（1）幼虫　卵多在夜间
孵化为幼虫。初孵幼虫先取食
卵壳，不久即取食寄主组织。
无自残习性。首先取食生长点

图 3-13　初孵幼虫（3 毫米）

图 3-14　低龄幼虫（5 毫米）

图 3-15 低龄幼虫（7 毫米）

图 3-16 中龄幼虫（12 毫米）

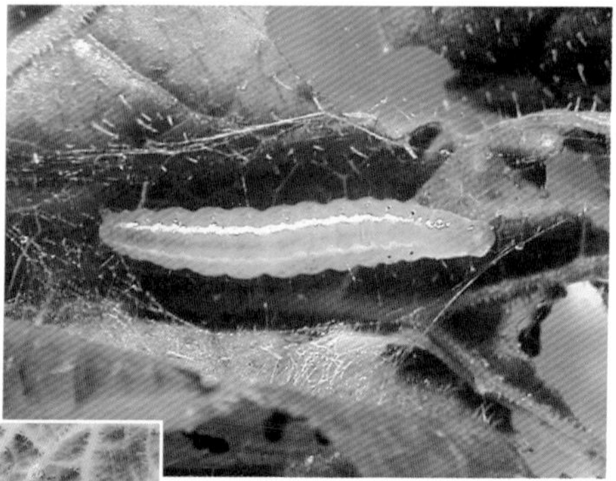

图 3-17 中龄幼虫（15 毫米）

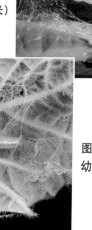

图 3-18 老熟幼虫（25 毫米）

图 3-19　正在化蛹的幼虫

附近叶片背面的嫩肉，被食害的叶片有灰白色斑，且多数为 1 片嫩叶 1 条幼虫，极少碰到 1 片嫩叶多条幼虫的，二龄幼虫开始吐丝缀连半边叶子危害，取食叶肉，留下叶背表皮呈现小白点网眼。幼虫三龄以

图 3-20　蛹

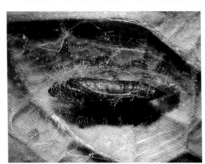

前，取食量较小，一般不能造成严重危害。幼虫长到三龄以后能吐丝把全叶或 2 ~ 3 片叶子连缀成大叶苞，幼虫居住在叶片间，取食时伸出头胸部，发生严重时，吃尽叶肉，仅剩叶脉，呈现网状叶。三龄幼虫还常从叶片转到尚未开花的雌花子房上，大多钻入子房，常使黄瓜造成严重损失。三龄幼虫也会转到大的黄瓜上啃食表皮，黄瓜被啃食表皮后，可流出汁液，而且受害部位木栓化，还可危害果实，咬食黄瓜果肉，严重影响商品性。四至五龄幼虫体外常被白色薄丝，给防治造成一定困难。

　　（2）蛹　瓜绢螟幼虫除在越冬前部分幼虫迁移到杂草及田埂周围杂草根部外，其余世代的老熟幼虫在化蛹前均选择被害叶片的叶缘卷内化蛹，或在叶片与果实紧接处吐丝化蛹，仅少量老熟幼虫可在植株基部的黄叶枯叶中化蛹。幼虫进入前蛹期时，老熟幼虫的亚背线消失。掌握老熟幼虫化蛹前的选择特点，在化蛹期，

图 3-21　成虫（俯视）

图 3-22　成虫（腹面）

及时摘除已被受害的叶片及基部老叶、黄叶，不仅可以减少幼虫化蛹场所，而且极易发现褐色蛹体将其集中处理。

（3）成虫　白天很少活动，多在叶丛或杂草间隐藏，难以发现，受惊后作近距离飞行，夜间活动，有较强的趋光性。一般于傍晚后开始活动并产卵，容易扑向灯光。雌蛾产卵的习性一般具有明显的趋嫩性，黄瓜、西瓜及丝瓜、苦瓜上调查表明，卵粒大多产在幼嫩的子蔓、孙蔓的蔓顶部位，散产或几粒卵粘在一起。卵粒多产在叶片背面，分散或几粒连在一起。每雌蛾可产 300 ~ 400 粒。利用成虫白天不十分活动的特点，一般可采用竹杆轻拍黄瓜叶片，测准发蛾高峰日，然后定防治适期。

【发生规律】　南方地区 1 年发生 6 代，以老熟幼虫或蛹在枯叶或表土越冬，翌年 4 月底羽化，5 月幼虫危害。7 ~ 9 月份发生数量多，世代重叠，危害严重。11 月后进入越冬期。成虫雌蛾产卵于叶背。幼虫三龄后卷叶取食，蛹化于卷叶中。卵期 5 ~ 7 天；

幼虫期 9～16 天共 4 龄，蛹期 6～9 天，成虫寿命 6～14 天。

瓜绢螟的发生危害与气温和降雨量有一定关系。若 8 月上中旬雨日少，气温高，则瓜绢螟发生早、危害重，反之则发生晚、危害轻。

【防治方法】

1. 农业防治　采收结束后及时清理植株，将植株及落叶收集沤埋或烧毁，消灭藏匿其中的幼虫和虫蛹，以此压低下代或越冬虫口基数。在幼虫发生初期，及时人工摘除卷叶、卵块或幼虫群集叶片，以消灭部分幼虫。

2. 诱杀成虫　露地大面积栽培时，于每年 5～10 月每 667 米^{2}选用 2 个瓜绢螟性诱剂诱瓶、测报白炽灯，或架设黑光灯、频振式杀虫灯等诱杀成虫。

3. 药剂防治　做好虫情测报，选择在当地有代表性的类型田，定期抽样调查瓜绢螟消长动态，掌握在瓜绢螟卵孵始盛期，重点选择一至三龄幼虫期施药，最迟到三龄幼虫期高峰期及时喷药。也可掌握在主要危害世代蛹羽化率达 40%～80% 时喷药。选择喷洒 20% 氯虫苯甲酰胺悬浮剂 5 000 倍，20% 氟虫双酰胺水分散粒剂 2 000 倍液，10% 氟虫双酰胺·阿维菌素悬浮剂 2 000 倍液，1% 甲维盐乳油 1 000 倍液，0.5% 苦参碱水分散粒剂 1 000 倍液，0.5% 阿维菌素乳油 2 000 倍液，5% 锐劲特悬浮剂 3 000 倍液，15% 杜邦安打悬浮剂 3 000 倍液，20% 氰戊菊酯 3 000 倍液等药剂。每隔 7～10 天喷施 1 次，连喷 2～3 次防治。不同农药要交替轮换使用，喷药时要使药液均匀喷到植株的花蕾、叶背、叶面和茎上，喷药量以有滴液为度。

二、同翅目

（一）温室白粉虱

【学　名】 *Trialeurodes vaporariorum* (Westwood)。

【分　类】 昆虫纲，同翅目，粉虱科。

【危害特点】　温室白粉虱在我国的存在是典型的生物入侵结果，最初，我国并没有温室白粉虱，它是随着蔬菜种子和农产品的进口传入我国的。目前，温室白粉虱是保护地栽培中的一种极为普遍的害虫，几乎可危害所有蔬菜。温室白粉虱以成虫和若虫群居在叶片背面，吸食植物汁液（图3-23、图3-24）。被害叶片表面出现黄色小点，之后整个叶片逐渐褪绿、变黄、皱缩、萎蔫，甚至全株死亡（图3-25、图3-26）。此外，由于其繁殖力强，繁殖速度快，种群数量庞大，群聚危害，并分泌大量蜜液，严重污染叶片和果实，往往引起煤污病的大发生，造成减产并降低蔬菜商品价值。白粉虱亦可传播病毒病。

图3-23　若虫群集在叶背危害

图3-24　成虫群集在叶背危害

图3-25　叶片皱缩

161

图 3-26 受害植株逐渐凋零

【形态特征】

1. 卵 长约 0.2 毫米，侧面观为长椭圆形，基部有卵柄，从叶背的气孔插入叶肉组织中。初产时淡绿色，覆有蜡粉，之后渐变成褐色，孵化前又会变为黑色（图 3-27）。

2. 若虫 一龄若虫体长约 0.29 毫米，长椭圆形（图 3-28）；二龄约 0.37 毫米（图 3-29）；三龄约 0.51 毫米，淡绿色或黄绿色，足和触角退化，紧贴在叶片上（图 3-30）；四龄若虫又称伪蛹，体长 0.7～0.8 毫米，椭圆形，初期体扁平，逐渐加厚呈蛋糕状（侧面观），中央略高，黄褐色，体背有长短不齐的蜡丝，体侧有刺（图 3-31）。

图 3-27 卵

图 3-28 一龄若虫

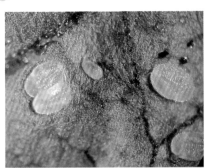

图 3-29　二龄若虫（左）及四龄若虫（右）

图 3-30　三龄若虫（左）及四龄若虫（右）

图 3-31　伪　蛹

3. 成虫　体长 1.0 ～ 1.5 毫米，虫体淡黄色，翅白色，翅面覆盖白蜡粉，俗称"小白蛾子"。停息时双翅在体上合成屋脊状，翅端半圆状遮住整个腹部，翅脉简单，沿翅外缘有 1 排小颗粒（图 3-32）。

【发生规律】　此虫是由我国东部扩展到华北、西北等地的。在温室条件下 1 年可发生 10 余代，以各虫态在温室越冬并持续危

图 3-32　成　虫

害。成虫羽化后 1～3 天可交配产卵，平均每头雌虫可产卵 142 粒左右。也可进行孤雌生殖，其后代为雄性。成虫喜欢黄瓜、茄子、番茄、菜豆等蔬菜，群居于嫩叶叶背和产卵，成虫总是随着植株的生长不断追逐顶部嫩叶，因此在植株自上而下白粉虱的分布为：新产的绿卵、变黑的卵、幼龄若虫、老龄若虫、伪蛹。新羽化成虫产的卵以卵柄从气孔插入叶片组织中，与寄主植物保持水分平衡，极不易脱落。若虫孵化后 3 天内在叶背可做短距离游走，当口器插入叶组织后就失去了爬行的机能，开始营固着生活。白粉虱从卵到成虫羽化发育历期，18℃时 31 天，24℃时 24 天，27℃时 22 天。各虫态发育历期，在 24℃时卵期 7 天，一龄 5 天，二龄 2 天，三龄 3 天，伪蛹 8 天。白粉虱繁殖的适温 18℃～21℃，温室条件下约 1 个月完成 1 代。

　　温室白粉虱在我国北方冬季野外条件下不能存活，通常要在温室作物上继续繁殖危害，无滞育或休眠现象。翌年通过幼苗定植可转入大棚或露地，或乘温室开窗通风时迁飞至露地。因此，白粉虱在发生地区的蔓延，人为因素起着重要作用。白粉虱的种群数量，由春至秋持续发展，夏季的高温多雨抑制作用不明显，到秋季数量达高峰，集中危害瓜类蔬菜。

　　【防治方法】　由于温室白粉虱虫口密度大，繁殖速度快，可在温室、露地间迁飞，药剂防治十分困难。

　　1. 生态防治

　　第一，覆盖防虫网。每年 5 月至 10 月，在温室、大棚的通风口覆盖防虫网，阻挡外界白粉虱进入温室，并用药剂杀灭温室内的白粉虱，纱网密度以50目为好，比家庭用的普通窗纱网眼要小（图3-33）。

第二，黄板诱杀。可以用纸板、木板涂上黄色油漆或广告色，或用黄色吹塑纸、黄色塑料板制作，表面涂上机油，利用白粉虱对黄色的趋性，将其吸引过来并粘住。也可从市场直接购买粘虫板。常年悬挂在设施中，可以大大降低虫口密度，再辅助以药剂防治。

图3-33 温室通风口覆盖防虫网

第三，频振式杀虫灯诱杀。这种装置以电或太阳能为能源，利用害虫较强的趋光、趋波等特性，将光的波长设定在特定范围内，利用光波以及性信息激素引诱成虫扑灯，灯外配以频振式高压电网触杀，使害虫落入灯下的接虫袋内，达到杀虫目的（图3-34）。

2.药剂防治 可选用2.5%溴氰菊酯乳油2 000倍液，1.8%阿维菌素乳油2 000倍液，10%吡虫啉可湿性粉剂4 000倍液，25%噻嗪酮（优乐得、扑虱灵、灭幼酮、布芬净、稻虱净、稻虱灵）可湿性粉剂1 500倍液，3%啶虫脒（莫比朗、吡虫清）乳油1 500倍液，15%哒螨灵乳油2500倍液，20%多灭威乳油2 000倍液，4.5%高效氯氰菊酯乳油3000倍液等药剂喷雾防治。在保护地内选用1%溴氰菊酯烟剂或2.5%杀灭菊酯烟剂，效果也很好。

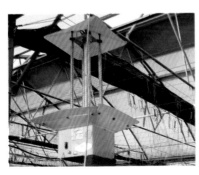

图3-34 频振式杀虫灯诱杀

（二）瓜　蚜

【学　名】　*Aphis gosypii* Glover。

【分　类】　昆虫纲，同翅目，蚜科。

【危害特点】　幼苗及成株均可能受害（图3-35）。成虫和若虫在叶片背面和嫩梢、嫩茎上吸食汁液。嫩叶及生长点被害后，叶片卷缩，生长停滞，甚至全株萎蔫死亡。老叶受害时不卷缩，但提前干枯（图3-36）。同时，瓜蚜也会危害花和果实，抑制花果发育，影响果实品质（图3-37、图3-38）。

【形态特征】

1.无翅胎生雌蚜　其发育一般为4～5个龄期。刚出生的一龄若蚜体长0.4毫米，头、胸及腹部均为黄色。触角4节，1～3节及第4节基部淡黄色，鞭节端部灰黄色。复眼红色，足发达，腹管黑褐色。二龄若蚜体长0.5毫米左右，头部灰黄色，腹部黄色。触角4节，淡灰黄色，腹管黑褐色。三龄若蚜体长0.8～0.9毫米，体黄色，触角增为5节。四龄若蚜体型为卵圆形，长0.8～1.2毫米，头、胸部墨绿色。触角5节，第4节和鞭节有覆瓦纹。腹部黄色，腹管黑褐色，短圆筒形。五龄胎生雌蚜体长1.5～1.9毫米，卵圆形，无翅。体表具清楚的网纹构造。前胸、腹部第一节和第七节有缘瘤。触角5～6节，第3节无感觉圈，第5节有1个，第6节膨大部有3～4个。尾片舌状，黄褐色，两侧各有

图3-35　幼苗子叶受害状

图3-36　叶片受害状

图3-37 雌花受害状

图3-38 果实受害状

毛3根。随着季节和寄主种类的不同，瓜蚜的体色可有黄色、黄绿色、灰绿色、黄褐色、墨绿色几种不同的颜色。一般是夏季体色较黄，冬季体色较暗。盛夏常发生小型蚜（伏蚜），体长减半，触角可见5节，体淡黄色。有的体被薄粉（图3-39）。

2.有翅胎生雌蚜 体长为1.2～1.9毫米，长卵圆形，有翅。头部和胸部黑色，腹部深绿色至黄色，春秋多深绿色，夏季多黄色。腹背各节间斑明显。触角比身体短，黑色，第3～6的长度比例为100:76:76:48，第三节常次生感觉圈6～7个，排成1列，腹管和尾片黑色，腹管短，腹管长度约为尾片的1～8倍，尾片有毛6根（图3-40）。

有翅胎生雌蚜体长1.2～1.7毫米，头、胸部黑色，复眼赤褐色。触角6节，基部两节及第6节黑色，第3～5节黄褐色，第3节

图3-39 无翅胎生雌蚜

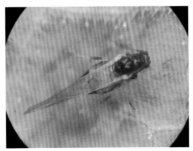

图3-40 有翅胎生雌蚜

上有 5 ~ 8 个感觉圈,排成 1 行。腹背淡黄色、黄绿色或黄褐色,有的有 5 个褐色横带,两侧各有一列 3 ~ 4 个黑褐色斑,腹末墨绿色。腹管黑色,长筒形,有网纹,基部稍宽。肘肢淡黄色或黄色,胫节端部及附节黑褐色。尾片舌状,黄褐色,两侧各有 2 ~ 4 根刚毛。

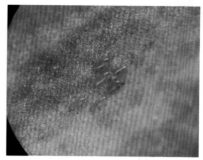

图 3-41　瓜蚜的卵

3. 卵　圆形,初产时橙黄色,后多为暗绿色,有光泽(图 3-41)。

4. 若蚜　共 4 龄,体长 0.5 ~ 1.4 毫米,复眼红色,无尾片。一龄若蚜触角 4 节,腹管长宽相等;二龄触角 5 节,腹管长为宽的 2 倍;三龄触角也为 5 节,腹管长为一龄的 2 倍;四龄触角 6 节,腹管长度为二龄的 2 倍。无翅若蚜夏季体黄色或黄绿色,春、秋季为蓝灰色,复眼红色。有翅若蚜在第三龄后可见翅蚜 2 对,翅蚜后半部为灰黄色,夏季淡黄色,春、秋季为灰黄色(图 3-42)。

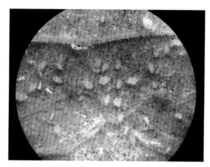

图 3-42　夏季黄色型无翅若蚜

【生活习性】　瓜蚜在华北地区 1 年发生 10 多代,于 4 月底产生有翅蚜迁飞到露地蔬菜上繁殖危害,直至秋末冬初又产生有翅蚜迁入保护地。北京地区露地栽培时,以 6 ~ 7 月份虫口密度最大,危害严重;7 月中旬以后因高温高湿和降雨冲刷,不利于蚜虫生长发育,危害减轻。

【防治方法】

1. **喷施农药**　及时选择喷洒25%噻虫嗪水分散粒剂5 000倍液，25%吡蚜酮可湿性粉剂3 000倍液，50%辛硫磷乳油1 000倍液，10%吡虫啉乳油4 000倍液，3%啶虫脒乳油3 000倍液，5%啶虫脒可湿性粉剂3 000倍液，1.8%阿维菌素乳油2 000倍液，50%烯啶虫胺水分散粒剂2 000倍液，2.5%溴氰菊酯乳油2 000～3 000倍液，20%丁硫克百威1 000倍液，40%菊·马乳油2 000～3 000倍液，40%菊·杀乳油4 000倍液，5%顺式氯氰菊酯乳油1 500倍液，15%哒螨灵乳油2 500～3 500倍液，4.5%高效氯氰菊酯3 000～3 500倍液等药剂，用其中一种即可，每7天喷药1次，连续防治2～3次。

2. **燃放烟剂**　适合在设施内防蚜，每667米^{2}用10%异丙威烟雾剂0.5千克，或用10%氰戊菊酯烟雾剂0.5千克。把烟雾剂均分成5堆，摆放在靠近温室北墙的位置，傍晚覆盖草苫后再点燃，人退出温室后关门，熏蒸1夜。

3. **避蚜**　利用银灰色对蚜虫的驱避作用，防止蚜虫迁飞到菜地内。银灰色对蚜虫有较强的驱避性，可用银灰地膜覆盖蔬菜。先按栽培要求整地，用银灰色薄膜（银膜）代替普通地膜覆盖，然后再定植或播种。挂条，蔬菜定植搭架后，在菜田上方拉2条10厘米宽的银膜（与菜畦平行），并随蔬菜的生长，逐渐向上移动银膜条。也可在棚室周围的棚架上与地面平行拉1～2条银膜。也可用银灰色薄膜覆盖小拱棚或用银灰色遮阳网覆盖菜田，均可起到避蚜作用（图3-43）。

图3-43　银色薄膜避蚜

169

4. 黄板诱蚜　有翅成蚜对黄色、橙黄色有较强的趋性。取一块长方形的硬纸板或纤维板，板的大小一般为 30 厘米 ×50 厘米，先涂一层黄色水粉或油漆，晾干后，再涂一层粘性机油；也可直接购买黄色吹塑纸，裁成适宜大小，而后涂抹机油。把此板悬挂在蔬菜行间，高于蔬菜 0.5 米左右，利用机油粘杀蚜虫，经常检查并涂抹机油。黄板诱满蚜后要及时更换，此法还可测报蚜虫发生趋势（图 3-44）。

5. 洗衣粉灭蚜　洗衣粉的主要成分是十二烷基苯磺酸钠，对

图 3-44　黄板诱杀蚜虫

蚜虫等有较强的触杀作用。因此，可用洗衣粉 400 ~ 500 倍液灭蚜，每 667 米^2 用液 60 ~ 80 千克，喷 2 ~ 3 次，可收到较好的防治效果。

6. 植物灭蚜　烟草磨成细粉，加少量石灰粉，撒施；辣椒或野蒿加水浸泡 1 昼夜，过滤后喷洒；蓖麻叶粉碎后撒施，或与水按 1:2 混合，煮 10 分钟后过滤喷洒；桃叶在水中浸泡 1 昼夜，加少量石灰，过滤后喷洒。